上海市住房和城乡建设管理委员会

上海市城镇给排水构筑物及设备安装工程概算定额

SH A8—21(03)—2022

同济大学出版社

2024 上 海

图书在版编目(CIP)数据

上海市城镇给排水构筑物及设备安装工程概算定额 SHA8-21(03)-2022 / 上海市水务工程定额管理站主编. 上海：同济大学出版社，2024.8. -- ISBN 978-7-5765-1231-1

Ⅰ. TU723.34

中国国家版本馆 CIP 数据核字第 2024C3R814 号

上海市城镇给排水构筑物及设备安装工程概算定额 SH A8—21(03)—2022

上海市水务工程定额管理站　主编

责任编辑　朱　勇　　**责任校对**　徐春莲　　**封面设计**　陈益平

出版发行　同济大学出版社　　www.tongjipress.com.cn

（地址：上海市四平路 1239 号　邮编：200092　电话：021-65985622）

经　　销　全国各地新华书店

印　　刷　苏州市古得堡数码印刷有限公司

开　　本　890mm×1240mm　1/16

印　　张　11

字　　数　341 000

版　　次　2024 年 8 月第 1 版

印　　次　2024 年 8 月第 1 次印刷

书　　号　ISBN 978-7-5765-1231-1

定　　价　120.00 元

上海市建设工程概算定额修编委员会

主　　任：胡广杰

副 主 任：裴　晓　王扣柱　王晓杰　周建国　金宏松　顾晓君
姜执伟

委　　员：陈　雷　马　燕　贾海林　杨文悦　方　琪　苏耀军
崔海灵　孙晓东　应敏伟　杨志杰　汪结春　莫　非
徐　忠

上海市建设工程概算定额修编工作组

组　　长：马　燕

副 组 长：方　琪　孙晓东　涂荣秀　许倩华　应敏伟　林海榕
夏　杰　周建军　田爱平　陈　超　汪崇庆

组　　员：朱　迪　蒋宏彦　胡　挺　王洁琼　陈淑烨　黄　英
辛　隽　乐　翔　田洁莹　彭　磊

上海市城镇给排水构筑物及设备安装工程概算定额

SH A8—21(03)—2022

主 管 部 门: 上海市水务局

主 编 单 位: 上海市水务工程定额管理站

参 编 单 位: 上海市政工程设计研究总院(集团)有限公司

主要编制人员: 陈淑烨 夏 杰 周建军 刘凤仙 王 梅
蔡 隽 徐云雷 王非宇 方 路 黄 英
杨 旻 柳 洋 谢云志 邱翠国 刘频颉
李宝凯 严 青 何闻启 徐欣卉

评 审 专 家: 陈国华 姚 婷 刘晓东 戴富元 蔡晓东
臧忠英 汪一江 莫承舜

上海市住房和城乡建设管理委员会文件

沪建标定〔2022〕653 号

上海市住房和城乡建设管理委员会
关于批准发布《上海市轨道交通工程概算定额》等 4 本
工程概算定额的通知

各有关单位：

为进一步完善本市建设工程计价依据，满足工程建设全生命周期的计价需求，根据《上海市建设工程定额体系表 2020》、《2018 年度上海市建设工程及城市基础设施养护维修定额编制计划》及《2019 年度上海市工程建设及城市基础设施养护维修定额编制计划》，现编制完成《上海市轨道交通工程概算定额(SH A3—21—2022)》、《上海市城镇给水管道工程概算定额(SH A8—21(01)—2022)》、《上海市城镇排水管道工程概算定额(SH A8—21(02)—2022)》和《上海市城镇给排水构筑物及设备安装工程概算定额(SH A8—21(03)—2022)》4 本工程概算定额（以下简称“新定额”），并经有关部门会审，现予以发布，自 2023 年 3 月 1 日起实施。

原《上海市公用管线工程概算定额(2010)》(给水管线工程)及《上海市市政工程概算定额(2010)》(排水管道工程、排水构筑物及机械设备安装工程)同时废止。

本次发布的新定额由市住房城乡建设管理委负责管理，《上海市轨道交通工程概算定额(SH A3—21—2022)》由上海市建筑建材业市场管理总站负责组织实施和解释，《上海市城镇给水管道工程概算定额(SH A8—21(01)—2022)》、《上海市城镇排水管道工程概算定额(SH A8—21(02)—2022)》和《上海市城镇给排水构筑物及设备安装工程概算定额(SH A8—21(03)—2022)》由上海市水务工程定额管理站负责组织实施和解释。

特此通知。

上海市住房和城乡建设管理委员会

2022 年 11 月 16 日

总　说　明

一、《上海市城镇给排水构筑物及设备安装工程概算定额(SH A8—21(03)—2022)》(以下简称“本定额”)共分9章,包括:

第一章　土方工程

第二章　拆除项目

第三章　地基加固及基坑支护工程

第四章　泵站下部结构

第五章　给排水处理构筑物

第六章　钢筋工程

第七章　其他工程

第八章　设备安装工程

第九章　措施项目

二、本定额适用于本市行政区域范围内新建、改建、扩建的城镇给排水构筑物及设备安装工程。

三、采用本定额进行概算编制的,应遵循定额中定额编号、工程量计算规则、项目划分及计量单位。

四、本定额是编制设计概算(书)的依据,是进行项目建设投资评审、设计方案比选的参考依据,是编制估算指标的基础。

五、本定额以国家和本市现行建设工程强制性标准、推荐性标准、设计规范、标准图集、施工验收规范、技术操作规程、质量评定标准、产品标准和安全操作规程为依据编制,并参考了国家和本市行业标准,以及典型工程案例,有代表性的工程设计、施工和其他资料。

六、本定额综合了本市城镇给排水构筑物及设备安装工程预算定额的内容和含量,包括了城镇给排水构筑物及设备安装工程的工料机消耗量,其他相关费用应依据国家和本市现行取费规定计算。

七、本定额主要是在《上海市城镇给排水工程预算定额 第三册 城镇给排水构筑物及设备安装工程(SH A8—31(03)—2016)》基础上,以主要分项工程综合相关工序的综合定额,即按主要分项工程规定的计量单位、计算规则及综合相关工序的预算定额计算而得的人工、材料及制品、机械台班的消耗标准,体现了上海地区社会平均水平。

八、本定额中材料与机械消耗量均以主要工序用量为准。难以计量的零星材料与机械列入其他材料费或其他机械费中,以该项目材料或机械之和的百分率表示。

九、本定额所采用的材料(包括构配件、零件、半成品及成品)均为符合质量标准和设计要求的合格产品,若品种、规格、型号、强度等级与设计不符,可按各章节规定调整。定额未注明材料规格、强度等级的,应按设计要求选用。

十、本定额的工作内容已说明了主要的施工工序,次要工序虽未说明,但均已包括在内。

十一、本定额中材料、成品、半成品的场内运输均已包含在相应定额中。

十二、本定额中混凝土按预拌混凝土考虑,砂浆按预拌砂浆考虑。混凝土及砂浆强度等级与设计强度等级不同时,可按设计强度等级进行换算。定额中的混凝土养护除另有说明外,均按自然养护考虑。

十三、本定额中混凝土子目中已包括模板的工作内容,未包括钢筋的工作内容。模板一般不作调整,钢筋套用第六章钢筋工程相关定额。

十四、本定额中泵送混凝土按泵车输送方式,如采用其他方式,不作调整。

十五、本定额缺项部分,可按其他专业定额工料机消耗量计算直接费,按本定额费率表取费。

十六、本定额中注有“×××以内”或“×××以下”者,均已包括×××本身;“×××以外”或“×××以上”者,均不包括×××本身。

十七、定额说明中未注明(或省略)尺寸单位的宽度、厚度、断面等,均以“mm”为单位。

十八、凡本说明未尽事宜,详见各章说明。

费用计算说明

一、直接费

直接费是指施工过程中的耗费，构成工程实体和部分有助于工程形成的各项费用[包括人工费、材料费、施工机具(机械)使用费和零星工程费]。直接费中不包含增值税可抵扣进项税额。

(一) 人工费

人工费是指支付给直接从事建筑安装工程施工作业的生产工人的各项费用。

(二) 材料费

材料费是指工程施工过程中耗费的各种原材料、半成品、构配件等的费用，以及周转材料等的摊销、租赁费用。

(三) 施工机具(机械)使用费

施工机具(机械)使用费是指工程施工作业所发生的施工机具(机械)、仪器仪表使用费或其租赁费。

(四) 零星工程费

零星工程费是指设计图纸未反映，定额直接费计算中未包括，可能发生的其他构成工程实体的费用。零星工程费是以直接费为基数，乘以相应的费率计算。

二、企业管理费和利润

(一) 企业管理费

企业管理费是指施工单位为组织施工生产和经营管理所发生的费用。企业管理费不包含增值税可抵扣进项税额。

(二) 利润

利润是指施工单位从事建筑安装工程施工所获得的盈利。

(三) 企业管理费和利润是以直接费中的人工费为基数，乘以相应的费率计算。

三、安全文明施工费

安全文明施工费是指在工程项目施工期间，施工单位为保证安全施工、文明施工和保护现场内外环境等所发生的措施项目费用。安全文明施工费中不包含增值税可抵扣进项税额。

安全文明施工费是以直接费与企业管理费和利润之和为基数，乘以相应的费率计算。

四、施工措施费

施工措施费是指为完成工程项目施工，发生于该工程施工前和施工过程中，非工程实体项目的费用。施工措施费中不包含增值税可抵扣进项税额。

施工措施费是以直接费与企业管理费和利润之和为基数，乘以相应的费率计算。

五、规费

规费是指按国家法律、法规规定，由上海市政府和上海市有关权力部门规定施工单位必须缴纳，应计入建筑安装工程造价的费用。主要包括社会保险费(养老、失业、医疗、生育和工伤保险费)和住房公积金。

规费是以直接费中的人工费为基数，乘以相应的费率计算。

六、增值税

增值税即为当期销项税额。

当期销项税额是以税前工程造价为基数，乘以增值税税率计算。

七、上海市城镇给排水构筑物及设备安装工程概算费用计算顺序表

上海市城镇给排水构筑物及设备安装工程概算费用计算顺序表

序号	项目		计算式	备注
一	直接费	工、料、机费	按概算定额子目规定计算	包括说明
二		零星工程费	(一)×费率	
三		其中:人工费	概算定额人工费+零星工程人工费	零星工程人工费按零星工程费的20%计算
四	企业管理费和利润		(三)×费率	
五	安全文明施工费		[(一)+(二)+(四)]×费率	
六	施工措施费		[(一)+(二)+(四)]×费率 (或按拟建工程计取)	
七	小计		(一)+(二)+(四)+(五)+(六)	
八	规费	社会保险费	(三)×费率	
九		住房公积金	(三)×费率	
十	增值税		[(七)+(八)+(九)]×增值税税率	
十一	建筑安装工程费		(七)+(八)+(九)+(十)	

目　　录

第一章　土方工程

说　明

一、本章定额包括挖土、回填土、土方运输，共 3 节内容。

二、本章定额中，挖淤泥、流砂定额的开挖深度按 6 m 以内综合取定；机械挖土定额适用 6 m 以内，当挖土深度超过 6 m 时，每增加 1 m 按机械挖土定额递增 18%计算。

三、本章挖土定额采用机械挖土，土方类别已综合取定。基坑挖土定额中不包括支护施工，发生时可套用本定额第三章及其他专业定额中相应子目。

四、本章整修基坑坡面定额适用于给排水构筑物基坑开挖工程。

五、水力机械冲吸泥下沉（排水下沉）定额按天然水考虑，如施工场地无法取到天然水，需用自来水的，则费用另计。

六、本章沉井挖土不包括土方外运，水力出土不包括排泥水处理，其费用另计。

七、当沉井采用井点降水时，可套用第九章措施项目中的相应定额。

八、土方场内运输按运距 1 km 包干计算，实际运距不同时，不作调整。

工程量计算规则

一、沟槽、基坑、一般土方的划分：底宽≤7 m 且底长>3 倍底宽为沟槽，底长≤3 倍底宽且底面积≤150 m^2 为基坑。超出上述范围的，则为一般土方。

二、挖淤泥、流砂定额：挖淤泥时工程量按实挖体积以“m^3”计算；挖流砂时适用于不采用井点降水而出现局部流砂的情况，其工程量按实挖体积计算，不包括涌砂数量。

三、土方场外运输按“m^3”计算，容重按天然密实方容重 1.8 t/m^3 计算。

四、无支护基坑开挖放坡比例按表 1-1 选取。

表 1-1　无支护基坑开挖放坡比例

基坑	深度≤2 m	深度≤4 m	采用井点降水
比例	1∶0.75	1∶1	1∶0.50

注：深度大于 4 m 时按土体稳定理论计算后的边坡进行放坡。

五、基坑挖土的底宽按构筑物基础（或沉井结构）外沿加操作工作面计算。其中工作面的确定，在设计有明确说明时，按其规定计算；若未有设计明确说明的，则按以下规定执行：

（一）基坑挖土采用大开挖施工时，工作面按基础外沿每侧加 2 m 计算。

（二）基坑挖土采用围护施工时，工作面按基础外沿每侧加 0.5 m 计算。

六、沉井下沉的土方工程量，按沉井外壁所围的面积乘以下沉深度（指沉井基坑底土面至设计垫层底面之距离，再加上 2/3 垫层底面与刃脚踏面间距离）以“m^3”计算。当下沉深度超过规定时，可再乘以土方回淤系数。

回淤系数：排水下沉深度大于 10 m 为 1.05；不排水下沉深度大于 15 m 为 1.02。

七、土方回填均按压实后的体积计算，当填方有密实度要求时，土方挖、填平衡及缺土时外来土方应按土方体积变化系数来计算回填土方数量（表 1-2）。

表 1-2　土方的体积变化系数

土方类别 / 土方密实度	填方	天然密实方	松方
90%	1	1.135	1.498
93%	1	1.165	1.538
95%	1	1.185	1.564
98%	1	1.220	1.610

第一节　挖　土

工作内容:机械挖淤泥、流砂。

定　额　编　号			K-1-1-1
项　目			挖淤泥、流砂
			m^3
预算定额编号	预算定额名称	预算定额单位	数　量
53-1-1-1	挖土 挖淤泥、流砂	m^3	1.0000

工作内容:机械挖淤泥、流砂。

定　额　编　号				K-1-1-1
项　目				挖淤泥、流砂
名　称			单位	m^3
人工	00190101	综合人工	工日	0.0512
机械	99010040	履带式单斗液压挖掘机 0.6 m^3	台班	0.0120

工作内容:基坑挖土(就地抛土)。

定　额　编　号			K-1-1-2	K-1-1-3
项　目			基坑挖土	
			深 4 m 以内	深 6 m 以内
			m^3	m^3
预算定额编号	预算定额名称	预算定额单位	数　量	
53-1-1-2	无支护基坑挖土 深 2 m 以内	m^3	0.1500	
53-1-1-3	无支护基坑挖土 深 4 m 以内	m^3	0.2500	
53-1-1-4	无支护基坑挖土 深 6 m 以内	m^3		0.2000
53-1-1-5	有支护基坑挖土 深 4 m 以内	m^3	0.6000	
53-1-1-6	有支护基坑挖土 深 6 m 以内	m^3		0.8000

工作内容:基坑挖土(就地抛土)。

定　额　编　号				K-1-1-2	K-1-1-3
项　目				基坑挖土	
				深 4 m 以内	深 6 m 以内
名　称			单位	m^3	m^3
人工	00190101	综合人工	工日	0.0177	0.0209
机械	99010060	履带式单斗液压挖掘机 1 m^3	台班	0.0061	
	99010080	履带式单斗液压挖掘机 1.25 m^3	台班		0.0074

工作内容:沉井吊车挖土(装车或堆土)。

定额编号			K-1-1-4	K-1-1-5
项目			沉井吊车挖土(排水下沉)	
			12 m 以内	16 m 以内
			m^3	m^3
预算定额编号	预算定额名称	预算定额单位	数量	
53-1-1-13	沉井吊车挖土(排水下沉) 8 m 以内	m^3	0.5000	
53-1-1-14	沉井吊车挖土(排水下沉) 12 m 以内	m^3	0.5000	
53-1-1-15	沉井吊车挖土(排水下沉) 16 m 以内	m^3		1.0000

工作内容:沉井吊车挖土(装车或堆土)。

定额编号				K-1-1-4	K-1-1-5
项目				沉井吊车挖土(排水下沉)	
				12 m 以内	16 m 以内
名称			单位	m^3	m^3
人工	00190101	综合人工	工日	0.3518	0.4925
材料	05031801	枕木	m^3	0.0010	0.0009
	35032132	钢平台	kg	0.2084	0.2084
		其他材料费	%	5.0000	5.0000
机械	99090090	履带式起重机 15 t	台班	0.0280	0.0391
	99440250	泥浆泵 ϕ100	台班	0.0138	0.0175

工作内容：水力机械冲吸泥下沉。

定　额　编　号			K-1-1-6	K-1-1-7
项　　目			水力机械冲吸泥下沉(排水下沉)	
			15 m 以内	20 m 以内
			m^3	m^3
预算定额编号	预算定额名称	预算定额单位	数　　量	
53-1-1-16	挖土 水力机械冲吸泥下沉(排水下沉) 15 m 以内	m^3	1.0000	
53-1-1-17	挖土 水力机械冲吸泥下沉(排水下沉) 20 m 以内	m^3		1.0000

工作内容：水力机械冲吸泥下沉。

定　额　编　号				K-1-1-6	K-1-1-7
项　　目				水力机械冲吸泥下沉(排水下沉)	
				15 m 以内	20 m 以内
名　　称			单位	m^3	m^3
人工	00190101	综合人工	工日	0.3802	0.5207
材料	17030102	镀锌焊接钢管	kg	2.7000	2.7000
	35032132	钢平台	kg	0.2386	0.2386
		其他材料费	%	5.0000	5.0000
机械	99090090	履带式起重机 15 t	台班	0.0014	0.0014
	99440040	电动单级离心清水泵 ϕ150	台班	0.0417	0.0574
	99440150	电动多级离心清水泵 ϕ150×180 m 以下	台班	0.0417	0.0574

工作内容：潜水员吸泥下沉。

定额编号			K-1-1-8	K-1-1-9	K-1-1-10
项目			潜水员吸泥下沉(不排水下沉)		
			17 m 以内	25 m 以内	32 m 以内
			m^3	m^3	m^3
预算定额编号	预算定额名称	预算定额单位	数量		
53-1-1-18	挖土 潜水员吸泥下沉(不排水下沉) 13 m 以内	m^3	0.5000		
53-1-1-19	挖土 潜水员吸泥下沉(不排水下沉) 17 m 以内	m^3	0.5000		
53-1-1-20	挖土 潜水员吸泥下沉(不排水下沉) 21 m 以内	m^3		0.5000	
53-1-1-21	挖土 潜水员吸泥下沉(不排水下沉) 25 m 以内	m^3		0.5000	
53-1-1-22	挖土 潜水员吸泥下沉(不排水下沉) 29 m 以内	m^3			0.5000
53-1-1-23	挖土 潜水员吸泥下沉(不排水下沉) 32 m 以内	m^3			0.5000

工作内容：潜水员吸泥下沉。

定额编号				K-1-1-8	K-1-1-9	K-1-1-10
项目				潜水员吸泥下沉(不排水下沉)		
				17 m 以内	25 m 以内	32 m 以内
名称			单位	m^3	m^3	m^3
人工	00190101	综合人工	工日	1.0370	1.0370	1.4333
材料	17030102	镀锌焊接钢管	kg	0.1956	0.1956	0.1956
	35032132	钢平台	kg	0.2084	0.2084	0.2084
		其他材料费	%	5.0000	5.0000	5.0000
机械	99090090	履带式起重机 15 t	台班	0.0790	0.0988	0.1365
	99410610	潜水设备	台班	0.0790	0.0988	0.1365
	99430260	电动空气压缩机 20 m^3/min	台班	0.0790	0.0988	0.1365
	99440050	电动单级离心清水泵 ϕ200	台班	0.0790	0.0988	0.1365
	99440150	电动多级离心清水泵 ϕ150×180 m 以下	台班	0.0790	0.0988	0.1365

工作内容:整修基坑坡面。

定　额　编　号			K-1-1-11	K-1-1-12
项　　目			整修基坑坡面	
			斜坡	锥坡
			m^2	m^2
预算定额编号	预算定额名称	预算定额单位	数　　量	
53-1-1-24	挖土 整修基坑坡面 斜坡	m^2	1.0000	
53-1-1-25	挖土 整修基坑坡面 锥坡	m^2		1.0000

工作内容:整修基坑坡面。

定　额　编　号				K-1-1-11	K-1-1-12
项　　目				整修基坑坡面	
				斜坡	锥坡
名　　称			单位	m^2	m^2
人工	00190101	综合人工	工日	0.0514	0.0949
材料	05030101	成材	m^3	0.0002	0.0001
	35010703	木模板成材	m^3		0.0001
机械	99210010	木工圆锯机 ϕ500	台班	0.0007	0.0007
	99210065	木工平刨床 刨削宽度 450	台班	0.0007	0.0007

第二节　回填土

工作内容：1. 填土、夯实、土方 30 m 以内运输、清理等。
2. 土及碎石分层摊铺夯实、场地清理。

定　额　编　号			K-1-2-1	K-1-2-2
项　　目			基坑回填土	基坑间隔填土
			m^3	m^3
预算定额编号	预算定额名称	预算定额单位	数　　量	
53-1-2-1	基坑回填土	m^3	1.0000	
53-1-2-2	回填土 基坑间隔填土 道碴∶土=1∶2	m^3		1.0000

工作内容：1. 填土、夯实、土方 30 m 以内运输、清理等。
2. 土及碎石分层摊铺夯实、场地清理。

定　额　编　号				K-1-2-1	K-1-2-2
项　　目				基坑回填土	基坑间隔填土
名　　称			单位	m^3	m^3
人工	00190101	综合人工	工日	0.3085	0.4030
材料	04050313	道碴 50～70	t		0.6089
	04093202	土方 自然方	m^3		0.8156
机械	99130350	内燃夯实机 700 N·m	台班	0.0198	0.0539

第三节　土方运输

工作内容:1. 运土、卸土、回空等。
2. 装车、运土、卸土、回空等。
3. 土方外运、卸土点卸车、堆置等全部操作过程。
4. 泥浆外运、卸土点卸车、处置等全部操作过程。

定额编号			K-1-3-1	K-1-3-2	K-1-3-3	K-1-3-4
项目			场内运输		场外运输	
			运土	装运土	土方	泥浆
			m^3	m^3	m^3	m^3
预算定额编号	预算定额名称	预算定额单位	数量			
53-1-3-1	场内运输 自卸汽车运土(运距1 km以内)	m^3	1.0000			
53-1-3-2	场内运输 自卸汽车装运土(运距1 km以内)	m^3		1.0000		
53-1-3-6	土方场外运输	m^3			1.0000	
53-1-3-7	土方运输 泥浆场外运输	m^3				1.0000

工作内容:1. 运土、卸土、回空等。
2. 装车、运土、卸土、回空等。
3. 土方外运、卸土点卸车、堆置等全部操作过程。
4. 泥浆外运、卸土点卸车、处置等全部操作过程。

定额编号				K-1-3-1	K-1-3-2	K-1-3-3	K-1-3-4
项目				场内运输		场外运输	
				运土	装运土	土方	泥浆
名称			单位	m^3	m^3	m^3	m^3
人工	00190101	综合人工	工日	0.0040	0.0333		
机械	99010060	履带式单斗液压挖掘机 1 m^3	台班	0.0026			
	99070220	轮胎式装载机 1 m^3	台班		0.0047		
	99070588	载重汽车 12 t	台班	0.0074	0.0072		
	99510010	土方外运	m^3			1.0000	
	99510040	泥浆外运	m^3				1.0000

第二章　拆除项目

说　明

一、本章定额为拆除混凝土结构,共1节内容。

二、拆除定额中均已包括废料的场内运输。

三、拆除混凝土结构定额中未考虑爆破拆除,如实际采用爆破施工项目,可另行计算。

四、本定额未包括水中拆除,如需潜水员配合,可另行计算。

工程量计算规则

一、拆除混凝土结构:按实体积以"m^3"计算。

二、切割混凝土:按切割接触面积以"m^2"计算。

第一节　拆除混凝土结构

工作内容：1. 拆除混凝土，旧料场内运输、堆放、清理等。
2. 拆除钢筋混凝土，旧料场内运输、堆放、清理等。
3. 切割钢筋混凝土，旧料场内运输、堆放、清理等。

定　额　编　号			K-2-1-1	K-2-1-2	K-2-1-3
项　　目			混凝土	钢筋混凝土	切割钢筋混凝土
			m^3	m^3	m^2
预算定额编号	预算定额名称	预算定额单位	数　　量		
53-2-4-1	拆除混凝土结构 混凝土	m^3	1.0000		
53-2-4-2	拆除混凝土结构 钢筋混凝土	m^3		1.0000	
08-12-2-3	切割 钢筋混凝土	m^2			1.0000

工作内容：1. 拆除混凝土，旧料场内运输、堆放、清理等。
2. 拆除钢筋混凝土，旧料场内运输、堆放、清理等。
3. 切割钢筋混凝土，旧料场内运输、堆放、清理等。

定　额　编　号				K-2-1-1	K-2-1-2	K-2-1-3
项　　目				混凝土	钢筋混凝土	切割钢筋混凝土
名　　称			单位	m^3	m^3	m^2
人工	00190101	综合人工	工日	0.7128	1.1533	3.2000
材料	03211051	混凝土切割机链条	m			0.6000
	03211101	风镐凿子	根	0.2448	0.2940	
	03211161	破碎锤钎杆 ϕ140	根	0.0014	0.0037	
	14390101	氧气	m^3		0.3844	
	14390301	乙炔气	m^3		0.1503	
	34110101	水	m^3			1.5000
机械	99010060	履带式单斗液压挖掘机 1 m^3	台班	0.0322	0.0597	
	99010610	液压镐头	台班	0.0217	0.0442	
	99090110	履带式起重机 25 t	台班			0.6900
	99230205	链条式混凝土切割机	台班			0.6900
	99330010	风镐	台班	0.1691	0.2508	
	99350130	液压钻机 STE-1	台班			0.6900
	99430290	内燃空气压缩机 6 m^3/min	台班	0.0846	0.1254	

第三章　地基加固及基坑支护工程

说　明

一、本章定额包括树根桩、水泥土搅拌桩、型钢水泥土搅拌墙、压密注浆和高压旋喷桩，共5节内容。

二、水泥土搅拌桩

（一）水泥土搅拌桩的水泥掺量按加固土重 1800 kg/m^3 计算，如设计与定额掺量不同，按每增减1%子目计算。

（二）水泥土搅拌桩如设计采用全断面套打，套用型钢水泥土搅拌墙定额。

（三）水泥土搅拌桩空搅部分，如设计采用低掺量回掺水泥，其材料可按设计用量增加。

三、型钢水泥土搅拌墙

（一）型钢水泥土搅拌墙，如设计与定额掺量不同，可作换算，人工、机械不作调整。

（二）型钢水泥土搅拌墙中的重复套钻部分已在定额内考虑，不另行计算。

四、压密注浆

注浆子目中注浆管消耗量为摊销量，无论是否一次性使用，数量均不作调整。

五、高压旋喷桩

高压旋喷桩喷浆子目，如设计与定额掺量不同，可作换算，人工、机械不作调整。

工程量计算规则

一、树根桩按设计桩截面面积乘以设计长度，按体积以“m^3”计算。

二、水泥土搅拌桩按设计桩截面面积乘以桩长，按体积以“m^3”计算。

（一）承重桩按设计桩截面面积乘以设计桩长加 0.4 m，按体积以“m^3”计算。

（二）围护桩用于基坑加固土体的，按设计加固面积乘以加固深度，按体积以“m^3”计算。

（三）空搅按设计图示桩截面面积乘以自然地坪至桩顶长度，按体积以“m^3”计算；用于基坑加固土体的空搅部分，按设计图示加固面积乘以设计深度，按体积以“m^3”计算。

三、型钢水泥土搅拌墙

（一）型钢水泥土搅拌墙按设计断面面积乘以设计桩长（压梁底至桩底），按体积以“m^3”计算。

（二）插拔型钢按设计图示尺寸，按质量以“t”计算。

四、压密注浆

（一）钻孔按设计图示尺寸的钻孔深度，按长度以“m”计算。

（二）注浆按设计图示尺寸，按体积以“m^3”计算。

1. 设计图纸上以布点形式图示土体加固范围的，则按两孔间距的一半作为扩散半径，以布点边线各加扩散半径，形成计算平面，计算注浆体积。

2. 如设计图纸上注浆点在钻孔灌注桩之间，按两注浆孔距的一半作为每孔的扩散半径，以此圆柱体体积为注浆体积计算。

五、高压旋喷桩

（一）成孔按设计图示尺寸的桩长以“m”计算。

（二）喷浆按设计图示桩截面面积乘以桩长，按体积以“m^3”计算。

（三）喷浆用于基坑加固土体的，按设计加周面积乘以设计加固深度，按体积以“m^3”计算。

第一节　树根桩

工作内容：钻机就位、钻孔、注浆管定位、卸料、压浆、拔管、清理等。

定额编号			K-3-1-1	K-3-1-2
项目			围护	承重
			m^3	m^3
预算定额编号	预算定额名称	预算定额单位	数量	
53-3-1-1	树根桩 围护	m^3	1.0000	
53-3-1-2	树根桩 承重	m^3		1.0000

工作内容：钻机就位、钻孔、注浆管定位、卸料、压浆、拔管、清理等。

定额编号				K-3-1-1	K-3-1-2
项目				围护	承重
名称			单位	m^3	m^3
人工	00190101	综合人工	工日	3.2640	2.4960
材料	04010112	水泥 42.5 级	t	0.8000	0.9600
	04030115	黄砂 中粗	t		0.1980
	04050215	碎石 5～25	t	1.5500	1.6550
	14351301	外加剂	kg	20.0000	23.0000
	34110101	水	m^3	2.3770	2.3770
	35110852	注浆管	kg	1.5625	1.0390
	80112011	护壁泥浆	m^3	0.2200	0.2200
		其他材料费	%	3.1000	
机械	99030650	工程钻机(树根桩)	台班	0.1700	0.1300
	99050775	灰浆搅拌机 400 L	台班	0.1700	0.1300
	99090080	履带式起重机 10 t	台班		0.1300
	99440030	电动单级离心清水泵 ϕ100	台班	0.3400	0.2600
	99440560	压浆泵	台班	0.1700	0.1300

第二节　水泥土搅拌桩

工作内容：1. 测量放线、钻机移位、定位、钻进、搅拌、提升等全部操作过程。
2. 测量放线、钻机移位、定位、调制水泥浆、输送压浆、钻进、喷浆、搅拌、提升等全部操作过程。

定　额　编　号			K-3-2-1	K-3-2-2
项　　目			单轴	
			钻进空搅	一喷二搅（水泥掺量13%）
			m^3	m^3
预算定额编号	预算定额名称	预算定额单位	数　　量	
53-3-2-1	水泥搅拌桩 单轴 钻进空搅	m^3	1.0000	
53-3-2-2	水泥搅拌桩 单轴 一喷二搅（水泥掺量13%）	m^3		1.0000

工作内容：1. 测量放线、钻机移位、定位、钻进、搅拌、提升等全部操作过程。
2. 测量放线、钻机移位、定位、调制水泥浆、输送压浆、钻进、喷浆、搅拌、提升等全部操作过程。

定　额　编　号				K-3-2-1	K-3-2-2
项　　目				单轴	
				钻进空搅	一喷二搅（水泥掺量13%）
名　　称			单位	m^3	m^3
人工	00190101	综合人工	工日	0.1484	0.2971
材料	01290302	热轧钢板（中厚板）	kg	0.0571	0.0571
	04010112	水泥 42.5级	t		0.2387
	34110101	水	m^3		0.1287
机械	99030530	单轴搅拌桩机	台班	0.0212	0.0424
	99050800	全自动灰浆搅拌系统 1500 L	台班	0.0212	0.0424

工作内容: 1. 测量放线、钻机移位、定位、钻进、搅拌、提升等全部操作过程。
2,3. 测量放线、钻机移位、定位、调制水泥浆、输送压浆、钻进、喷浆、搅拌、提升等全部操作过程。

定额编号			K-3-2-3	K-3-2-4	K-3-2-5
项目			二轴		
			钻进空搅	一喷二搅（水泥掺量 13%）	二喷四搅（水泥掺量 13%）
			m^3	m^3	m^3
预算定额编号	预算定额名称	预算定额单位	数量		
53-3-2-3	水泥搅拌桩 二轴 钻进空搅	m^3	1.0000		
53-3-2-4	水泥搅拌桩 二轴 一喷二搅(水泥掺量 13%)	m^3		1.0000	
53-3-2-5	水泥搅拌桩 二轴 二喷四搅(水泥掺量 13%)	m^3			1.0000

工作内容: 1. 测量放线、钻机移位、定位、钻进、搅拌、提升等全部操作过程。
2,3. 测量放线、钻机移位、定位、调制水泥浆、输送压浆、钻进、喷浆、搅拌、提升等全部操作过程。

定额编号				K-3-2-3	K-3-2-4	K-3-2-5
项目				二轴		
				钻进空搅	一喷二搅（水泥掺量 13%）	二喷四搅（水泥掺量 13%）
名称			单位	m^3	m^3	m^3
人工	00190101	综合人工	工日	0.1246	0.1385	0.2492
材料	01290302	热轧钢板(中厚板)	kg	0.0571	0.0571	0.0571
	04010112	水泥 42.5 级	t		0.2387	0.2387
	34110101	水	m^3		0.1287	0.1287
机械	99030540	双轴搅拌桩机	台班	0.0178	0.0198	0.0356
	99050800	全自动灰浆搅拌系统 1500 L	台班	0.0178	0.0198	0.0356

工作内容:1. 测量放线、钻机移位、定位、钻进、搅拌、提升等全部操作过程。
2. 测量放线、钻机移位、定位、调制水泥浆、输送压浆、钻进、喷浆、搅拌、提升等全部操作过程。
3. 调制水泥浆、输送压浆等全部操作过程。

定额编号			K-3-2-6	K-3-2-7	K-3-2-8
项目			三轴		水泥掺量
			钻进空搅	一喷一搅（水泥掺量 20%）	每增减 1%
			m^3	m^3	m^3
预算定额编号	预算定额名称	预算定额单位	数量		
53-3-2-6	水泥搅拌桩 三轴 钻进空搅	m^3	1.0000		
53-3-2-7	水泥搅拌桩 三轴 一喷一搅(水泥掺量 20%)	m^3		1.0000	
53-3-2-8	水泥搅拌桩 水泥掺量 每增减 1%	m^3			1.0000

工作内容:1. 测量放线、钻机移位、定位、钻进、搅拌、提升等全部操作过程。
2. 测量放线、钻机移位、定位、调制水泥浆、输送压浆、钻进、喷浆、搅拌、提升等全部操作过程。
3. 调制水泥浆、输送压浆等全部操作过程。

定额编号				K-3-2-6	K-3-2-7	K-3-2-8
项目				三轴		水泥掺量
				钻进空搅	一喷一搅（水泥掺量 20%）	每增减 1%
名称			单位	m^3	m^3	m^3
人工	00190101	综合人工	工日	0.0540	0.1070	
材料	01290302	热轧钢板(中厚板)	kg	0.0571	0.0571	
	04010112	水泥 42.5 级	t		0.3672	0.0184
	34110101	水	m^3		0.4860	0.0243
机械	99030545	三轴搅拌桩机	台班	0.0075	0.0089	
	99050800	全自动灰浆搅拌系统 1500 L	台班	0.0053	0.0089	
	99430230	电动空气压缩机 6 m^3/min	台班	0.0053	0.0089	

第三节　型钢水泥土搅拌墙

工作内容:1,2. 水泥土搅拌墙等。
3. 调制水泥浆、输送压浆等。

定额编号			K-3-3-1	K-3-3-2	K-3-3-3
项目			三轴	五轴	水泥掺量
			水泥掺量 20%		每增减 1%
			m^3	m^3	m^3
预算定额编号	预算定额名称	预算定额单位	数量		
53-3-3-1	型钢水泥土搅拌桩 三轴 水泥掺量 20%	m^3	1.0000		
53-3-3-2	型钢水泥土搅拌桩 五轴 水泥掺量 20%	m^3		1.0000	
53-3-3-3	型钢水泥土搅拌桩 水泥掺量每增减 1%	m^3			1.0000

工作内容:1,2. 水泥土搅拌墙等。
3. 调制水泥浆、输送压浆等。

定额编号				K-3-3-1	K-3-3-2	K-3-3-3
项目				三轴	五轴	水泥掺量
				水泥掺量 20%		每增减 1%
名称			单位	m^3	m^3	m^3
人工	00190101	综合人工	工日	0.1560	0.2150	
材料	01290302	热轧钢板(中厚板)	kg	0.0571	0.0571	
	04010112	水泥 42.5 级	t	0.3672	0.3672	0.0183
	34110101	水	m^3	0.6300	0.2568	0.0830
机械	99030545	三轴搅拌桩机	台班	0.0104		
	99030570	五轴搅拌桩机	台班		0.0101	
	99050800	全自动灰浆搅拌系统 1500 L	台班	0.0104	0.0101	
	99430230	电动空气压缩机 6 m^3/min	台班	0.0104		

工作内容:1. 插拔型钢等。
2. H型钢使用等。

定　额　编　号			K-3-3-4	K-3-3-5
项　　目			插拔型钢	型钢使用(租赁)费
			t	t・d
预算定额编号	预算定额名称	预算定额单位	数　　量	
53-3-3-4	型钢水泥土搅拌桩 插拔型钢	t	1.0000	
53-3-3-5	型钢水泥土搅拌桩 型钢使用(租赁)费	t・d		1.0000

工作内容:1. 插拔型钢等。
2. H型钢使用等。

定　额　编　号				K-3-3-4	K-3-3-5
项　　目				插拔型钢	型钢使用(租赁)费
名　　称			单位	t	t・d
人工	00190101	综合人工	工日	1.2528	
材料	01000101	型钢 综合	t	0.0500	
	03130101	电焊条	kg	5.1646	
	14351001	减摩剂	kg	15.0000	
	14390101	氧气	m^3	2.5823	
	14390301	乙炔气	m^3	1.9367	
	35090202	型钢使用费	t・d		1.0000
机械	99050670	液压泵车	台班	0.1838	
	99090110	履带式起重机 25 t	台班	0.2088	
	99091330	立式油压千斤顶 200 t	台班	0.3676	
	99250020	交流弧焊机 32 kVA	台班	0.0750	

第四节　压密注浆

工作内容：1. 钻孔等。
2. 分段压密注浆等。

定额编号			K-3-4-1	K-3-4-2
项目			钻孔	注浆
			m	m^3
预算定额编号	预算定额名称	预算定额单位	数量	
53-3-4-1	压密注浆 钻孔	m	1.0000	
53-3-4-2	压密注浆 注浆	m^3		1.0000

工作内容：1. 钻孔等。
2. 分段压密注浆等。

定额编号				K-3-4-1	K-3-4-2
项目				钻孔	注浆
名称			单位	m	m^3
人工	00190101	综合人工	工日	0.1200	0.1750
材料	04010112	水泥 42.5 级	t		0.1280
	17030137	镀锌焊接钢管 DN25	kg	0.7956	
	34110101	水	m^3		0.0630
机械	99050773	灰浆搅拌机 200 L	台班		0.0350
	99191400	沉管设备	台班	0.0300	0.0150
	99440670	液压注浆泵 HYB50/50-1 型	台班		0.0350

第五节　高压旋喷桩

工作内容:1. 钻孔等。
　　　　　2,3,4. 喷射灌浆等。

定额编号			K-3-5-1	K-3-5-2	K-3-5-3	K-3-5-4
项目			钻孔	喷浆		
				单重管(水泥掺量25%)	双重管(水泥掺量25%)	三重管(水泥掺量30%)
			m	m³	m³	m³
预算定额编号	预算定额名称	预算定额单位	数量			
53-3-5-1	高压旋喷桩 钻孔	m	1.0000			
53-3-5-2	高压旋喷桩 喷浆 单重管(水泥掺量25%)	m³		1.0000		
53-3-5-3	高压旋喷桩 喷浆 双重管(水泥掺量25%)	m³			1.0000	
53-3-5-4	高压旋喷桩 喷浆 三重管(水泥掺量30%)	m³				1.0000

工作内容:1. 钻孔等。
　　　　　2,3,4. 喷射灌浆等。

定额编号				K-3-5-1	K-3-5-2	K-3-5-3	K-3-5-4
项目				钻孔	喷浆		
					单重管(水泥掺量25%)	双重管(水泥掺量25%)	三重管(水泥掺量30%)
名称			单位	m	m³	m³	m³
人工	00190101	综合人工	工日	0.0808	0.1443	0.2548	0.2930
材料	04010112	水泥 42.5 级	t		0.4590	0.4590	0.5508
	17270201	普通橡胶管	m		0.0885	0.0885	0.0885
	17270301	高压橡胶管	m			0.0443	0.0885
	34110101	水	m³	0.1189	0.5013	0.5010	0.5778
	35041001	喷射管	m		0.0199	0.0199	0.0199
机械	99030500	单重管旋喷桩机	台班		0.0289		
	99030510	双重管旋喷桩机	台班	0.0202		0.0364	
	99030520	三重管旋喷桩机	台班				0.0419
	99050150	泥浆排放设备	台班		0.0289	0.0364	0.0419
	99050780	挤压式灰浆搅拌机 200 L	台班		0.0289	0.0364	0.0419
	99430230	电动空气压缩机 6 m³/min	台班			0.0364	0.0419
	99440180	电动多级离心清水泵 φ200×280 m 以上	台班	0.0202			0.0419
	99440670	液压注浆泵 HYB50/50-1 型	台班		0.0289	0.0364	0.0419

第四章　泵站下部结构

说 明

一、本章定额包括刃脚垫层，隔墙，预埋防水钢套管与接口，井壁，沉井垫层，沉井底板，平台，地下内部结构，矩形渐扩管，沉井井壁灌砂、触变泥浆，流槽，沉井填心，沉井封底，钢封门安装、拆除，共14节内容。

二、本章定额适用于开挖式和沉井施工的泵房下部结构，进水闸门井、出水压力井也可套用本章相应定额。

三、沉井定额按矩形和圆形综合取定。

四、地下内部结构中的梁、圈梁按矩形梁、异形梁和平台圈梁综合取定。柱、牛腿等项目，可套用第五章给排水处理构筑物中的相应定额。

工程量计算规则

一、混凝土垫层和砂垫层数量按设计图纸规定，按体积以“m^3”计算。

二、刃脚与井壁工程量合并，按体积以“m^3”计算。

三、混凝土梁按图示断面尺寸乘以长度，按体积以“m^3”计算。梁的高度按设计梁高，梁的长度按下列规定计算：

（一）梁与柱连接时，梁长算至柱的侧面。

（二）主梁与次梁连接时，次梁长算至主梁的侧面。

（三）梁与井壁（隔墙）连接时，梁长算至井壁（隔墙）的侧面。

四、底板下的地梁并入底板计算。

五、隔墙按设计图示尺寸，按体积以“m^3”计算。隔墙的高度按设计高度计算，隔墙长度按内净长度计算，隔墙若有加强角并入隔墙计算。

六、平台按体积以“m^3”计算。平台宽度、长度均按内净尺寸计算，并应扣除其他结构所占的体积。

七、钢筋混凝土进出水渐扩管按体积以“m^3”计算：

（一）底板的宽度及厚度按设计计算，底板下的梁枕及侧墙（隔墙）下部的扩大部分并入底板计算。

（二）侧墙（隔墙）的高度不包括侧墙（隔墙）扩大部分，无扩大部分时，按混凝土底板上表面算至混凝土顶板下表面。

（三）顶板的宽度及厚度按设计计算，侧墙（隔墙）上部的扩大部分并入顶板计算。

八、沉井井壁灌砂、沉井井壁触变泥浆按体积以“m^3”计算。计算沉井灌砂或触变泥浆数量时，高度按刃脚外凸面设计标高至基坑底面之间的距离计算，厚度按刃脚外凸面的宽度计算，长度按外凸面的中心周长计算。

九、当沉井井壁为直壁式，设计要求采用触变泥浆助沉时，高度按刃脚踏面至基坑底面的距离计算，长度按沉井外壁周长计算，厚度按设计厚度计算。

十、柔性接口按预埋钢套管外径周长乘以混凝土的墙体厚度，按面积以“m^2”计算。

十一、流槽的工程量，根据设计图示尺寸，按体积以“m^3”计算。

十二、沉井填心、混凝土封底的工程量，按设计图纸规定，按体积以“m^3”计算。

十三、钢封门安装、拆除的工程量，按钢封门的质量以“t”计算。

十四、现浇钢筋混凝土墙、板上单孔面积$\leqslant 0.3\ m^2$的孔洞不扣除其所占的体积，单孔面积$> 0.3\ m^2$的孔洞应扣除其所占的体积。

第一节　刃脚垫层

工作内容:1. 黄砂垫层:摊铺、找平、浇水、夯实。
2. 浇筑垫层、凿除垫层、泵车输送。

定额编号			K-4-1-1	K-4-1-2
项目			黄砂	混凝土
			m^3	m^3
预算定额编号	预算定额名称	预算定额单位	数量	
53-4-1-1	刃脚垫层 黄砂	m^3	1.0000	
53-4-1-3	刃脚垫层 混凝土	m^3		1.0000
53-7-7-1	混凝土输送机泵管安拆使用 预拌混凝土输送 泵车	m^3		1.0100

工作内容:1. 黄砂垫层:摊铺、找平、浇水、夯实。
2. 浇筑垫层、凿除垫层、泵车输送。

定额编号				K-4-1-1	K-4-1-2
项目				黄砂	混凝土
名称			单位	m^3	m^3
人工	00190101	综合人工	工日	0.9561	3.2988
材料	02090101	塑料薄膜	m^2		2.0040
	03150101	圆钉	kg		0.2130
	03211101	风镐凿子	根		0.6000
	04030115	黄砂 中粗	t	1.7680	
	34110101	水	m^3	0.1500	0.1341
	35010703	木模板成材	m^3		0.0153
	80210416	预拌混凝土(泵送型) C20 粒径 5～40	m^3		1.0100
机械	99050540	混凝土输送泵车 75 m^3/h	台班		0.0169
	99050940	混凝土振捣器 平板式	台班	0.0707	0.0998
	99070660	自卸汽车 8 t	台班	0.0227	
	99090090	履带式起重机 15 t	台班	0.0227	
	99210010	木工圆锯机 ϕ500	台班		0.0499
	99330010	风镐	台班		0.2712
	99430230	电动空气压缩机 6 m^3/min	台班		0.1356

第二节　隔　墙

工作内容：浇筑隔墙、泵车输送、搭拆脚手架、安拆模板。

定额编号			K-4-2-1	K-4-2-2	K-4-2-3	K-4-2-4
项目			厚度			
			30 cm 以内	40 cm 以内	60 cm 以内	80 cm 以内
			m^3	m^3	m^3	m^3
预算定额编号	预算定额名称	预算定额单位	数量			
53-4-3-1	隔墙混凝土	m^3	1.0000	1.0000	1.0000	1.0000
53-7-7-1	混凝土输送机泵管安拆使用 预拌混凝土输送 泵车	m^3	1.0100	1.0100	1.0100	1.0100
53-9-2-1	双排脚手架(高≤10 m)	m^2	3.3670	2.8860	2.0200	1.4430
53-9-5-2	模板工程 隔墙模板	m^2	6.7330	5.7710	4.0400	2.8860

工作内容：浇筑隔墙、泵车输送、搭拆脚手架、安拆模板。

定额编号				K-4-2-1	K-4-2-2	K-4-2-3	K-4-2-4
项目				厚度			
				30 cm 以内	40 cm 以内	60 cm 以内	80 cm 以内
		名称	单位	m^3	m^3	m^3	m^3
人工	00190101	综合人工	工日	3.4805	3.0216	2.1959	1.6455
材料	02090101	塑料薄膜	m^2	0.5327	0.5327	0.5327	0.5327
	02190101	尼龙帽	个	6.9363	5.9453	4.1620	2.9732
	03014101	六角螺栓连母垫	kg	1.7205	1.4747	1.0323	0.7375
	03150101	圆钉	kg	0.0190	0.0163	0.0114	0.0082
	03152201	钢板网	m^2	0.3434	0.2944	0.2060	0.1472
	03152501	镀锌铁丝	kg	0.2304	0.1975	0.1383	0.0988
	05031801	枕木	m^3	0.0007	0.0006	0.0004	0.0003
	34110101	水	m^3	0.1098	0.1098	0.1098	0.1098
	35010102	组合钢模板	kg	4.2448	3.6383	2.5470	1.8195
	35010703	木模板成材	m^3	0.0122	0.0105	0.0073	0.0052
	35020106	钢模支撑	kg	3.4593	2.9651	2.0757	1.4828
	35020401	钢模零配件	kg	1.2553	1.0760	0.7532	0.5381
	35030343	钢管 ϕ48×3.6	kg	1.1522	0.9876	0.6913	0.4938
	35030612	钢管底座 ϕ48	只	0.0120	0.0103	0.0072	0.0052
	35031212	对接扣件 ϕ48	只	0.0367	0.0315	0.0220	0.0157
	35031213	迴转扣件 ϕ48	只	0.0422	0.0362	0.0253	0.0181
	35031214	直角扣件 ϕ48	只	0.1343	0.1151	0.0806	0.0575
	35031242	扣件螺栓	只	1.6715	1.4327	1.0028	0.7164
	35032122	钢直扶梯	kg	0.0694	0.0595	0.0416	0.0297
	35050122	安全网(锦纶)	m^2	0.0955	0.0818	0.0573	0.0409
	80210424	预拌混凝土(泵送型) C30 粒径 5～40	m^3	1.0100	1.0100	1.0100	1.0100
机械	99050540	混凝土输送泵车 75 m^3/h	台班	0.0169	0.0169	0.0169	0.0169
	99050930	混凝土振捣器 插入式	台班	0.0998	0.0998	0.0998	0.0998
	99070540	载重汽车 6 t	台班	0.0269	0.0231	0.0161	0.0116
	99090090	履带式起重机 15 t	台班	0.1905	0.1633	0.1143	0.0817
	99090360	汽车式起重机 8 t	台班	0.0135	0.0115	0.0081	0.0058
	99210010	木工圆锯机 ϕ500	台班	0.0310	0.0265	0.0186	0.0133
	99210065	木工平刨床 刨削宽度 450	台班	0.0310	0.0265	0.0186	0.0133

工作内容:浇筑隔墙、泵车输送、搭拆脚手架、安拆模板。

定额编号			K-4-2-5
项目			厚度
			80 cm 以外
			m^3
预算定额编号	预算定额名称	预算定额单位	数量
53-4-3-1	隔墙混凝土	m^3	1.0000
53-7-7-1	混凝土输送机泵管安拆使用 预拌混凝土输送 泵车	m^3	1.0100
53-9-2-1	双排脚手架(高≤10 m)	m^2	1.1220
53-9-5-2	模板工程 隔墙模板	m^2	2.2440

工作内容:浇筑隔墙、泵车输送、搭拆脚手架、安拆模板。

定额编号				K-4-2-5
项目				厚度
				80 cm 以外
		名称	单位	m^3
人工	00190101	综合人工	工日	1.3392
材料	02090101	塑料薄膜	m^2	0.5327
	02190101	尼龙帽	个	2.3118
	03014101	六角螺栓连母垫	kg	0.5734
	03150101	圆钉	kg	0.0063
	03152201	钢板网	m^2	0.1144
	03152501	镀锌铁丝	kg	0.0768
	05031801	枕木	m^3	0.0002
	34110101	水	m^3	0.1098
	35010102	组合钢模板	kg	1.4147
	35010703	木模板成材	m^3	0.0041
	35020106	钢模支撑	kg	1.1529
	35020401	钢模零配件	kg	0.4184
	35030343	钢管 ϕ48×3.6	kg	0.3840
	35030612	钢管底座 ϕ48	只	0.0040
	35031212	对接扣件 ϕ48	只	0.0122
	35031213	迴转扣件 ϕ48	只	0.0141
	35031214	直角扣件 ϕ48	只	0.0447
	35031242	扣件螺栓	只	0.5570
	35032122	钢直扶梯	kg	0.0231
	35050122	安全网(锦纶)	m^2	0.0318
	80210424	预拌混凝土(泵送型) C30 粒径 5～40	m^3	1.0100
机械	99050540	混凝土输送泵车 75 m^3/h	台班	0.0169
	99050930	混凝土振捣器 插入式	台班	0.0998
	99070540	载重汽车 6 t	台班	0.0089
	99090090	履带式起重机 15 t	台班	0.0635
	99090360	汽车式起重机 8 t	台班	0.0045
	99210010	木工圆锯机 ϕ500	台班	0.0103
	99210065	木工平刨床 刨削宽度 450	台班	0.0103

第三节　预埋防水钢套管与接口

工作内容:1,2. 防水钢套管安装。
3. 浇筑刚性接口、泵车输送、安拆模板。
4. 材料配料、安装捣固、压实、抹光。

定额编号			K-4-3-1	K-4-3-2	K-4-3-3	K-4-3-4
项目			预埋防水钢套管		刚性接口	柔性接口
			DN600 以内	DN600 以外		
			kg	kg	m^3	m^2
预算定额编号	预算定额名称	预算定额单位	数量			
53-4-4-1	预埋防水钢套管与接口 预埋钢套管 DN600 以内	kg	1.0000			
53-4-4-2	预埋防水钢套管与接口 预埋钢套管 DN600 以外	kg		1.0000		
53-4-4-3	预埋防水钢套管与接口 刚性接口混凝土	m^3			1.0000	
53-4-4-4	预埋防水钢套管与接口 柔性接口	m^2				1.0000
53-7-7-1	混凝土输送机泵管安拆使用 预拌混凝土输送 泵车	m^3			1.0100	
53-9-5-3	模板工程 刚性接口模板	m^2			4.0800	

工作内容:1,2. 防水钢套管安装。
3. 浇筑刚性接口、泵车输送、安拆模板。
4. 材料配料、安装捣固、压实、抹光。

定额编号				K-4-3-1	K-4-3-2	K-4-3-3	K-4-3-4
项目				预埋防水钢套管		刚性接口	柔性接口
				DN600 以内	DN600 以外		
	名称		单位	kg	kg	m^3	m^2
人工	00190101	综合人工	工日	0.0162	0.0540	5.5864	0.1040
材料	02090101	塑料薄膜	m^2			0.8312	
	02290901	油浸麻丝	kg				0.5238
	03150101	圆钉	kg			0.1538	
	18292306	预埋钢套管 DN600 以内	kg	1.0000			
	18292307	预埋钢套管 DN600 以外	kg		1.0000		
	34110101	水	m^3			0.1147	
	35010703	木模板成材	m^3			0.0396	
	80111311	石棉水泥 3∶7	m^3				0.0123
	80210424	预拌混凝土(泵送型) C30 粒径 5～40	m^3			1.0100	
机械	99050540	混凝土输送泵车 75 m^3/h	台班			0.0169	
	99050930	混凝土振捣器 插入式	台班			0.1527	
	99090075	履带式起重机 8 t	台班	0.0019	0.0046		
	99210010	木工圆锯机 ϕ500	台班			0.1163	
	99210065	木工平刨床 刨削宽度 450	台班			0.1163	

第四节 井 壁

工作内容:浇筑井壁(刃脚)、泵车输送、搭拆脚手架、安拆模板。

定额编号			K-4-4-1	K-4-4-2	K-4-4-3	K-4-4-4
项目			厚度			
			60 cm 以内	90 cm 以内	120 cm 以内	120 cm 以外
			m^3	m^3	m^3	m^3
预算定额编号	预算定额名称	预算定额单位	数量			
53-4-2-1	刃脚混凝土	m^3	0.2600	0.2600	0.2600	0.2600
53-4-5-1	井壁 混凝土	m^3	0.7400	0.7400	0.7400	0.7400
53-4-5-2	井壁 预留孔封堵及拆除	m^3	0.0100	0.0100	0.0100	0.0100
53-7-7-1	混凝土输送机泵管安拆使用 预拌混凝土输送 泵车	m^3	1.0100	1.0100	1.0100	1.0100
53-9-2-1	双排脚手架(高≤10 m)	m^2	1.9680	1.2300	0.9370	0.7290
53-9-5-1	模板工程 刃脚模板	m^2	0.6720	0.4200	0.3200	0.2490
53-9-5-4	模板工程 井壁模板	m^2	2.9920	1.8700	1.4250	1.1080

工作内容:浇筑井壁(刃脚)、泵车输送、搭拆脚手架、安拆模板。

定额编号				K-4-4-1	K-4-4-2	K-4-4-3	K-4-4-4
项目				厚度			
				60 cm 以内	90 cm 以内	120 cm 以内	120 cm 以外
名称			单位	m^3	m^3	m^3	m^3
人工	00190101	综合人工	工日	2.1726	1.4727	1.1951	0.9975
材料	02090101	塑料薄膜	m^2	0.3007	0.3007	0.3007	0.3007
	02190101	尼龙帽	个	3.7678	2.3549	1.7944	1.3955
	03014101	六角螺栓连母垫	kg	0.9297	0.5811	0.4428	0.3444
	03150101	圆钉	kg	0.0852	0.0532	0.0406	0.0316
	03152201	钢板网	m^2	0.2007	0.1255	0.0956	0.0744
	03152501	镀锌铁丝	kg	0.1347	0.0842	0.0641	0.0499
	03211101	风镐凿子	根	0.0010	0.0010	0.0010	0.0010

（续表）

定额编号				K-4-4-1	K-4-4-2	K-4-4-3	K-4-4-4
项目				厚度			
				60 cm 以内	90 cm 以内	120 cm 以内	120 cm 以外
名称			单位	m^3	m^3	m^3	m^3
材料	04131754	蒸压灰砂砖 240×115×53	千块	0.0053	0.0053	0.0053	0.0053
	05031801	枕木	m^3	0.0004	0.0003	0.0002	0.0001
	34110101	水	m^3	0.1061	0.1061	0.1061	0.1061
	35010102	组合钢模板	kg	2.3058	1.4411	1.0981	0.8539
	35010703	木模板成材	m^3	0.0066	0.0042	0.0032	0.0024
	35020106	钢模支撑	kg	1.5526	0.9704	0.7394	0.5750
	35020401	钢模零配件	kg	0.6782	0.4239	0.3230	0.2512
	35030343	钢管 ϕ48×3.6	kg	0.6735	0.4209	0.3207	0.2495
	35030612	钢管底座 ϕ48	只	0.0070	0.0044	0.0033	0.0026
	35031212	对接扣件 ϕ48	只	0.0215	0.0134	0.0102	0.0080
	35031213	迴转扣件 ϕ48	只	0.0247	0.0154	0.0118	0.0091
	35031214	直角扣件 ϕ48	只	0.0785	0.0491	0.0374	0.0291
	35031242	扣件螺栓	只	0.9770	0.6106	0.4652	0.3619
	35032122	钢直扶梯	kg	0.0405	0.0253	0.0193	0.0150
	35050122	安全网(锦纶)	m^2	0.0558	0.0349	0.0266	0.0207
	80060413	湿拌砌筑砂浆 WM M10.0	m^3	0.0024	0.0024	0.0024	0.0024
	80060414	湿拌抹灰砂浆 WP M15.0	m^3	0.0005	0.0005	0.0005	0.0005
	80210424	预拌混凝土(泵送型) C30 粒径 5～40	m^3	1.0100	1.0100	1.0100	1.0100
机械	99050540	混凝土输送泵车 75 m^3/h	台班	0.0169	0.0169	0.0169	0.0169
	99050930	混凝土振捣器 插入式	台班	0.0998	0.0998	0.0998	0.0998
	99070540	载重汽车 6 t	台班	0.0146	0.0092	0.0070	0.0054
	99090090	履带式起重机 15 t	台班	0.0932	0.0586	0.0449	0.0352
	99090360	汽车式起重机 8 t	台班	0.0072	0.0045	0.0035	0.0026
	99210010	木工圆锯机 ϕ500	台班	0.0152	0.0095	0.0072	0.0056
	99210065	木工平刨床 刨削宽度 450	台班	0.0152	0.0095	0.0072	0.0056
	99330010	风镐	台班	0.0013	0.0013	0.0013	0.0013
	99430200	电动空气压缩机 0.6 m^3/min	台班	0.0013	0.0013	0.0013	0.0013

第五节　沉井垫层

工作内容:1,3. 摊铺、找平、夯实。
2. 摊铺、找平、浇水、夯实。
4. 浇筑垫层。

定　额　编　号			K-4-5-1	K-4-5-2	K-4-5-3	K-4-5-4
项　　目			碎石	黄砂	砾石砂	混凝土
			m^3	m^3	m^3	m^3
预算定额编号	预算定额名称	预算定额单位	数　　量			
53-4-6-1	沉井垫层 垫层 碎石	m^3	1.0000			
53-4-6-2	沉井垫层 垫层 黄砂	m^3		1.0000		
53-4-6-3	沉井垫层 垫层 砾石砂	m^3			1.0000	
53-4-6-4	沉井垫层 垫层 混凝土	m^3				1.0000

工作内容:1,3. 摊铺、找平、夯实。
2. 摊铺、找平、浇水、夯实。
4. 浇筑垫层。

定　额　编　号				K-4-5-1	K-4-5-2	K-4-5-3	K-4-5-4
项　　目				碎石	黄砂	砾石砂	混凝土
名　　称			单位	m^3	m^3	m^3	m^3
人工	00190101	综合人工	工日	0.5855	0.3792	0.5673	0.8925
材料	02090101	塑料薄膜	m^2				1.6038
	04030115	黄砂 中粗	t		1.7680		
	04030701	砾石砂	t			2.2109	
	04050217	碎石 5～40	t	1.8034			
	34110101	水	m^3		0.1600		0.0348
	80210416	预拌混凝土(非泵送型) C20 粒径 5～40	m^3				1.0100
机械	99050940	混凝土振捣器 平板式	台班	0.0707	0.0707	0.1026	0.0998
	99090090	履带式起重机 15 t	台班	0.0227	0.0190	0.0232	

第六节　沉井底板

工作内容：浇筑底板、泵车输送。

定额编号			K-4-6-1
项目			底板
			m^3
预算定额编号	预算定额名称	预算定额单位	数量
53-4-7-1	沉井底板 底板混凝土	m^3	1.0000
53-7-7-1	混凝土输送机泵管安拆使用 预拌混凝土输送 泵车	m^3	1.0100

工作内容：浇筑底板、泵车输送。

定额编号				K-4-6-1
项目				底板
名称			单位	m^3
人工	00190101	综合人工	工日	0.1712
材料	02090101	塑料薄膜	m^2	0.3007
	34110101	水	m^3	0.1060
	80210424	预拌混凝土(泵送型) C30 粒径 5～40	m^3	1.0100
机械	99050540	混凝土输送泵车 75 m^3/h	台班	0.0169
	99050930	混凝土振捣器 插入式	台班	0.0998
	99050940	混凝土振捣器 平板式	台班	0.0998

第七节 平 台

工作内容：浇筑平台、泵车输送、安拆模板。

定额编号			K-4-7-1	K-4-7-2	K-4-7-3
项目			厚度		
			15 cm 以内	20 cm 以内	20 cm 以外
			m^3	m^3	m^3
预算定额编号	预算定额名称	预算定额单位	数量		
53-4-8-1	平台混凝土	m^3	1.0000	1.0000	1.0000
53-7-7-1	混凝土输送机泵管安拆使用 预拌混凝土输送 泵车	m^3	1.0100	1.0100	1.0100
53-9-5-6	模板工程 平台模板	m^2	7.5100	5.8400	4.1700

工作内容：浇筑平台、泵车输送、安拆模板。

定额编号				K-4-7-1	K-4-7-2	K-4-7-3
项目				厚度		
				15 cm 以内	20 cm 以内	20 cm 以外
名称			单位	m^3	m^3	m^3
人工	00190101	综合人工	工日	4.1134	3.2455	2.3776
材料	02090101	塑料薄膜	m^2	1.6036	1.6036	1.6036
	03150101	圆钉	kg	0.2065	0.1606	0.1147
	34110101	水	m^3	0.1275	0.1275	0.1275
	35010102	组合钢模板	kg	4.6877	3.6453	2.6029
	35010703	木模板成材	m^3	0.0135	0.0105	0.0075
	35020106	钢模支撑	kg	3.3224	2.5836	1.8448
	35020401	钢模零配件	kg	1.3969	1.0862	0.7756
	80210424	预拌混凝土(泵送型) C30 粒径 5～40	m^3	1.0100	1.0100	1.0100
机械	99050540	混凝土输送泵车 75 m^3/h	台班	0.0169	0.0169	0.0169
	99050930	混凝土振捣器 插入式	台班	0.0998	0.0998	0.0998
	99050940	混凝土振捣器 平板式	台班	0.0666	0.0666	0.0666
	99070540	载重汽车 6 t	台班	0.0225	0.0175	0.0125
	99090090	履带式起重机 15 t	台班	0.2125	0.1653	0.1180
	99090360	汽车式起重机 8 t	台班	0.0150	0.0117	0.0083
	99210010	木工圆锯机 ϕ500	台班	0.3980	0.3095	0.2210
	99210065	木工平刨床 刨削宽度 450	台班	0.3980	0.3095	0.2210

第八节　地下内部结构

工作内容：1. 浇筑框架、泵车输送、搭拆脚手架、安拆模板。
2. 浇筑扶梯、泵车输送、搭拆脚手架、安拆模板。
3. 浇筑挡水板、泵车输送、搭拆脚手架、安拆模板。
4. 浇筑梁(圈梁)、泵车输送、安拆模板。

定额编号			K-4-8-1	K-4-8-2	K-4-8-3	K-4-8-4
项目			框架	扶梯	挡水板	梁(圈梁)
			m^3	m^3	m^3	m^3
预算定额编号	预算定额名称	预算定额单位	数量			
53-4-9-1	地下内部结构混凝土 框架	m^3	1.0000			
53-4-9-2	地下内部结构混凝土 扶梯	m^3		1.0000		
53-4-9-3	地下内部结构混凝土 挡水板	m^3			1.0000	
53-4-9-4	地下内部结构混凝土 矩形梁	m^3				0.6000
53-4-9-5	地下内部结构混凝土 异形梁	m^3				0.2000
53-4-9-6	地下内部结构混凝土 平台圈梁	m^3				0.2000
53-7-7-1	混凝土输送机泵管安拆使用 预拌混凝土输送 泵车	m^3	1.0100	1.0100	1.0100	1.0100
53-9-2-1	双排脚手架(高≤10 m)	m^2	3.3800	5.2800	4.1800	
53-9-5-7	模板工程 地下内部结构 框架模板	m^2	3.5300			
53-9-5-8	模板工程 地下内部结构 扶梯模板	m^2		10.4000		
53-9-5-9	模板工程 地下内部结构 挡水板模板	m^2			6.6700	
53-9-5-10	模板工程 地下内部结构 矩形梁模板	m^2				5.2020
53-9-5-11	模板工程 地下内部结构 异形梁模板	m^2				1.7340
53-9-5-12	模板工程 地下内部结构 平台圈梁模板	m^2				1.7340

工作内容：1. 浇筑框架、泵车输送、搭拆脚手架、安拆模板。
2. 浇筑扶梯、泵车输送、搭拆脚手架、安拆模板。
3. 浇筑挡水板、泵车输送、搭拆脚手架、安拆模板。
4. 浇筑梁(圈梁)、泵车输送、安拆模板。

定额编号				K-4-8-1	K-4-8-2	K-4-8-3	K-4-8-4
项目				框架	扶梯	挡水板	梁、圈梁
名称			单位	m^3	m^3	m^3	m^3
人工	00190101	综合人工	工日	2.3741	10.8047	3.2585	5.0503
材料	02090101	塑料薄膜	m^2	1.3038	0.8592	2.1479	1.1566
	02190101	尼龙帽	个	3.6366		6.8034	
	03014101	六角螺栓连母垫	kg	0.8974		1.6788	
	03150101	圆钉	kg	0.0100	0.2679	0.1834	0.7455
	03152201	钢板网	m^2	0.3448	0.5386	0.4264	
	03152501	镀锌铁丝	kg	0.2313	0.3614	0.2861	
	05031801	枕木	m^3	0.0007	0.0011	0.0009	
	34110101	水	m^3	0.1225	0.1152	0.1365	0.1201
	35010102	组合钢模板	kg	2.2255	3.0567	4.1634	4.1069
	35010703	木模板成材	m^3	0.0064	0.0515	0.0100	0.0184
	35020106	钢模支撑	kg	1.5773	1.8414	2.9508	3.2600
	35020401	钢模零配件	kg	0.6546	1.1292	1.2246	1.3750
	35030343	钢管 ϕ48×3.6	kg	1.1567	1.8069	1.4304	
	35030612	钢管底座 ϕ48	只	0.0121	0.0188	0.0149	
	35031212	对接扣件 ϕ48	只	0.0369	0.0576	0.0456	
	35031213	迴转扣件 ϕ48	只	0.0424	0.0662	0.0524	
	35031214	直角扣件 ϕ48	只	0.1348	0.2106	0.1667	
	35031242	扣件螺栓	只	1.6779	2.6212	2.0751	
	35032122	钢直扶梯	kg	0.0696	0.1088	0.0861	
	35050122	安全网(锦纶)	m^2	0.0958	0.1497	0.1185	
	80210424	预拌混凝土(泵送型) C30 粒径 5～40	m^3	1.0100	1.0100	1.0100	1.0100
机械	99050540	混凝土输送泵车 75 m^3/h	台班	0.0169	0.0169	0.0169	0.0169
	99050930	混凝土振捣器 插入式	台班	0.1148	0.1148	0.0998	0.1149
	99070540	载重汽车 6 t	台班	0.0174	0.0241	0.0284	0.0195
	99090090	履带式起重机 15 t	台班	0.0988	0.2080	0.1868	0.2359
	99090360	汽车式起重机 8 t	台班	0.0071	0.0094	0.0133	0.0131
	99210010	木工圆锯机 ϕ500	台班	0.1733	0.2454	0.0093	0.1356
	99210065	木工平刨床 刨削宽度 450	台班	0.1733	0.2454	0.0093	0.1356

第九节　矩形渐扩管

工作内容：1. 浇筑底板、泵车输送、安拆模板。
2,3. 浇筑侧墙、泵车输送、搭拆脚手架、安拆模板。

定额编号			K-4-9-1	K-4-9-2	K-4-9-3
项目			底板	侧墙	
				35 cm 以内	35 cm 以外
			m^3	m^3	m^3
预算定额编号	预算定额名称	预算定额单位	数量		
53-4-10-1	矩形渐扩管混凝土 底板	m^3	1.0000		
53-4-10-2	矩形渐扩管混凝土 侧墙	m^3		1.0000	1.0000
53-7-7-1	混凝土输送机泵管安拆使用 预拌混凝土输送 泵车	m^3	1.0100	1.0100	1.0100
53-9-2-1	双排脚手架(高≤10 m)	m^2		3.3300	2.5000
53-9-5-13	模板工程 矩形渐扩管底板模板	m^2	0.5000		
53-9-5-14	模板工程 矩形渐扩管侧墙模板	m^2		6.6700	5.0000

工作内容：1. 浇筑底板、泵车输送、安拆模板。
2,3. 浇筑侧墙、泵车输送、搭拆脚手架、安拆模板。

定额编号				K-4-9-1	K-4-9-2	K-4-9-3
项目				底板	侧墙	
					35 cm 以内	35 cm 以外
名称			单位	m^3	m^3	m^3
人工	00190101	综合人工	工日	0.3327	2.7787	2.1480
材料	02090101	塑料薄膜	m^2	0.6014	0.6014	0.6014
	03150101	圆钉	kg	0.0139	0.1853	0.1389
	03152201	钢板网	m^2		0.3397	0.2550
	03152501	镀锌铁丝	kg		0.2279	0.1711
	05031801	枕木	m^3		0.0007	0.0005

（续表）

定额编号				K-4-9-1	K-4-9-2	K-4-9-3
项目				底板	侧墙	
					35 cm 以内	35 cm 以外
名称			单位	m^3	m^3	m^3
材料	34110101	水	m^3	0.1109	0.1109	0.1109
	35010102	组合钢模板	kg	0.3184	4.2475	3.1840
	35010703	木模板成材	m^3	0.0009	0.0128	0.0096
	35020106	钢模支撑	kg	0.1821	3.6115	2.7073
	35020401	钢模零配件	kg	0.0946	1.5144	1.1352
	35030343	钢管 ϕ48×3.6	kg		1.1396	0.8555
	35030612	钢管底座 ϕ48	只		0.0119	0.0089
	35031212	对接扣件 ϕ48	只		0.0363	0.0273
	35031213	迴转扣件 ϕ48	只		0.0418	0.0314
	35031214	直角扣件 ϕ48	只		0.1328	0.0997
	35031242	扣件螺栓	只		1.6531	1.2411
	35032122	钢直扶梯	kg		0.0686	0.0515
	35050122	安全网(锦纶)	m^2		0.0944	0.0709
	80210424	预拌混凝土(泵送型) C30 粒径 5～40	m^3	1.0100	1.0100	1.0100
机械	99050540	混凝土输送泵车 75 m^3/h	台班	0.0169	0.0169	0.0169
	99050930	混凝土振捣器 插入式	台班	0.1148	0.1148	0.1148
	99070540	载重汽车 6 t	台班	0.0016	0.0294	0.0220
	99090090	履带式起重机 15 t	台班	0.0128	0.1868	0.1400
	99090360	汽车式起重机 8 t	台班	0.0010	0.0153	0.0115
	99210010	木工圆锯机 ϕ500	台班	0.0007	0.0107	0.0080
	99210065	木工平刨床 刨削宽度 450	台班	0.0007	0.0107	0.0080

工作内容：浇筑顶板、泵车输送、安拆模板。

定额编号			K-4-9-4	K-4-9-5
项目			顶板	
			35 cm 以内	35 cm 以外
			m^3	m^3
预算定额编号	预算定额名称	预算定额单位	数量	
53-4-10-3	矩形渐扩管混凝土 顶板	m^3	1.0000	1.0000
53-7-7-1	混凝土输送机泵管安拆使用 预拌混凝土输送 泵车	m^3	1.0100	1.0100
53-9-5-15	模板工程 矩形渐扩管顶板模板	m^2	3.8300	3.0000

工作内容：浇筑顶板、泵车输送、安拆模板。

定额编号				K-4-9-4	K-4-9-5
项目				顶板	
				35 cm 以内	35 cm 以外
名称			单位	m^3	m^3
人工	00190101	综合人工	工日	1.6226	1.3159
材料	02090101	塑料薄膜	m^2	0.6014	0.6014
	03150101	圆钉	kg	0.1064	0.0833
	34110101	水	m^3	0.1109	0.1109
	35010102	组合钢模板	kg	2.4390	1.9104
	35010703	木模板成材	m^3	0.0077	0.0061
	35020106	钢模支撑	kg	1.6417	1.2859
	35020401	钢模零配件	kg	1.0143	0.7945
	80210424	预拌混凝土(泵送型) C30 粒径 5～40	m^3	1.0100	1.0100
机械	99050540	混凝土输送泵车 75 m^3/h	台班	0.0169	0.0169
	99050930	混凝土振捣器 插入式	台班	0.0998	0.0998
	99070540	载重汽车 6 t	台班	0.0142	0.0111
	99090090	履带式起重机 15 t	台班	0.0980	0.0768
	99090360	汽车式起重机 8 t	台班	0.0096	0.0075
	99210010	木工圆锯机 ϕ500	台班	0.0069	0.0054
	99210065	木工平刨床 刨削宽度 450	台班	0.0069	0.0054

第十节 沉井井壁灌砂、触变泥浆

工作内容: 1. 人工装卸黄砂、灌注黄砂、材料运输。
2. 沉井泥浆管路预埋,泥浆池至井壁管路敷设、输送、灌注,泥浆性能指标测试。

定 额 编 号			K-4-10-1	K-4-10-2
项 目			沉井井壁灌砂	沉井井壁触变泥浆
			m^3	m^3
预算定额编号	预算定额名称	预算定额单位	数 量	
53-4-11-1	沉井灌砂、触变泥浆 沉井井壁灌砂	m^3	1.0000	
53-4-11-2	沉井灌砂、触变泥浆 沉井井壁触变泥浆	m^3		1.0000

工作内容: 1. 人工装卸黄砂、灌注黄砂、材料运输。
2. 沉井泥浆管路预埋,泥浆池至井壁管路敷设、输送、灌注,泥浆性能指标测试。

定 额 编 号				K-4-10-1	K-4-10-2
项 目				沉井井壁灌砂	沉井井壁触变泥浆
名 称			单位	m^3	m^3
人工	00190101	综合人工	工日	0.7398	0.4630
材料	01000102	型钢 综合	kg		2.5810
	02010101	橡胶板	kg		1.0410
	03014101	六角螺栓连母垫	kg		0.1170
	04030115	黄砂 中粗	t	1.4960	
	04093101	膨润土	kg		160.9500
	14312509	纯碱	kg		64.3800
	14416201	羧甲基纤维素	kg		21.4600
	17030102	镀锌焊接钢管	kg		2.5150
	17270314	高压橡胶管 ϕ100	m		0.0080
	34110101	水	m^3	0.4725	0.8262
		其他材料费	%		6.0000
机械	99440240	泥浆泵 ϕ50	台班		0.1000
	99440250	泥浆泵 ϕ100	台班		0.9100

第十一节　流　槽

工作内容：浇筑流槽、泵车输送、安拆模板。

定　额　编　号			K-4-11-1
项　目			流槽
			m^3
预算定额编号	预算定额名称	预算定额单位	数　量
53-4-12-1	流槽混凝土	m^3	1.0000
53-7-7-1	混凝土输送机泵管安拆使用 预拌混凝土输送 泵车	m^3	1.0100
53-9-5-16	模板工程 流槽模板	m^2	0.4200

工作内容：浇筑流槽、泵车输送、安拆模板。

定　额　编　号				K-4-11-1
项　目				流槽
名　称			单位	m^3
人工	00190101	综合人工	工日	0.4195
材料	02090101	塑料薄膜	m^2	0.2330
	03150101	圆钉	kg	0.1009
	34110101	水	m^3	0.1049
	35010703	木模板成材	m^3	0.0035
	80210416	预拌混凝土(泵送型) C20 粒径 5～40	m^3	1.0100
机械	99050540	混凝土输送泵车 75 m^3/h	台班	0.0169
	99050930	混凝土振捣器 插入式	台班	0.1148
	99090075	履带式起重机 8 t	台班	0.0160
	99210010	木工圆锯机 ϕ500	台班	0.0202
	99210065	木工平刨床 刨削宽度 450	台班	0.0202

第十二节 沉井填心

工作内容：装运砂石料、吊入井底，依次铺石料、黄砂，整平，工作面排水。

定额编号			K-4-12-1	K-4-12-2	K-4-12-3
项目			排水下沉沉井		
			块石	碎石	黄砂
			m^3	m^3	m^3
预算定额编号	预算定额名称	预算定额单位	数量		
53-4-13-1	沉井填心 排水下沉沉井 块石	m^3	1.0000		
53-4-13-2	沉井填心 排水下沉沉井 碎石	m^3		1.0000	
53-4-13-3	沉井填心 排水下沉沉井 黄砂	m^3			1.0000

工作内容：装运砂石料、吊入井底，依次铺石料、黄砂，整平，工作面排水。

定额编号				K-4-12-1	K-4-12-2	K-4-12-3
项目				排水下沉沉井		
				块石	碎石	黄砂
名称			单位	m^3	m^3	m^3
人工	00190101	综合人工	工日	0.6424	0.6500	0.4085
材料	04030115	黄砂 中粗	t			1.7680
	04050217	碎石 5～40	t		1.4076	
	04110507	块石 100～400	t	1.7340		
		其他材料费	%	2.0000	2.0000	2.0000
机械	99090090	履带式起重机 15 t	台班	0.0360	0.0270	0.0220
	99440340	潜水泵 ϕ150	台班	0.0710	0.0540	0.0650

工作内容:装运石料、吊入井底、潜水员铺平石料。

定　额　编　号			K-4-12-4	K-4-12-5
项　　目			不排水下沉沉井	
			碎石	块石
			m^3	m^3
预算定额编号	预算定额名称	预算定额单位	数　　量	
53-4-13-4	沉井填心 不排水下沉沉井 碎石	m^3	1.0000	
53-4-13-5	沉井填心 不排水下沉沉井 块石	m^3		1.0000

工作内容:装运石料、吊入井底、潜水员铺平石料。

定　额　编　号				K-4-12-4	K-4-12-5
项　　目				不排水下沉沉井	
				碎石	块石
名　　称			单位	m^3	m^3
人工	00190101	综合人工	工日	0.7331	0.7445
材料	04050217	碎石 5～40	t	1.4076	
	04110507	块石 100～400	t		1.7340
		其他材料费	%	2.0000	2.0000
机械	99090090	履带式起重机 15 t	台班	0.0800	0.1020
	99410610	潜水设备	台班	0.0800	0.1020

第十三节　沉井封底

工作内容：浇筑封底混凝土、泵车输送。

定额编号			K-4-13-1	K-4-13-2
项目			混凝土干封底	水下封底
			m^3	m^3
预算定额编号	预算定额名称	预算定额单位	数量	
53-4-14-1	沉井封底 混凝土干封底	m^3	1.0000	
53-4-14-2	沉井封底 水下封底	m^3		1.0000
53-7-7-1	混凝土输送机泵管安拆使用 预拌混凝土输送 泵车	m^3	1.0100	1.0100

工作内容：浇筑封底混凝土、泵车输送。

定额编号				K-4-13-1	K-4-13-2
项目				混凝土干封底	水下封底
名称			单位	m^3	m^3
人工	00190101	综合人工	工日	0.6262	1.4284
材料	01000102	型钢 综合	kg		4.7430
	05031801	枕木	m^3	0.0061	
	14390101	氧气	m^3		0.0233
	14390301	乙炔气	m^3		0.0078
	17030102	镀锌焊接钢管	kg		1.1261
	34110101	水	m^3	0.1010	0.1010
	80210414	预拌混凝土(泵送型) C20 粒径 5～20	m^3	1.0252	
	80210418	预拌混凝土(泵送型) C25 粒径 5～20	m^3		1.1730
机械	99050540	混凝土输送泵车 75 m^3/h	台班	0.0169	0.0169
	99090090	履带式起重机 15 t	台班		0.0622
	99410610	潜水设备	台班		0.0441
	99430230	电动空气压缩机 6 m^3/min	台班		0.0191
	99440150	电动多级离心清水泵 ϕ150×180 m 以下	台班		0.0301
	99440340	潜水泵 ϕ150	台班	0.0421	0.0221

第十四节　钢封门安装、拆除

工作内容：钢封门安装、钢封门拆除。

定额编号			K-4-14-1
项目			钢封门安装、拆除
			t
预算定额编号	预算定额名称	预算定额单位	数量
53-4-16-1	钢封门安装、拆除 钢封门安装 ϕ4000 以内	t	0.3000
53-4-16-2	钢封门安装、拆除 钢封门安装 ϕ5000 以内	t	0.4000
53-4-16-3	钢封门安装、拆除 钢封门安装 ϕ7000 以内	t	0.3000
53-4-16-4	钢封门安装、拆除 钢封门拆除 ϕ4000 以内	t	0.3000
53-4-16-5	钢封门安装、拆除 钢封门拆除 ϕ5000 以内	t	0.4000
53-4-16-6	钢封门安装、拆除 钢封门拆除 ϕ7000 以内	t	0.3000

工作内容：钢封门安装、钢封门拆除。

定额编号				K-4-14-1
项目				钢封门安装、拆除
名称			单位	t
人工	00190101	综合人工	工日	8.6608
材料	01000102	型钢 综合	kg	24.7585
	01010212	热轧带肋钢筋(HRB400) ϕ>10	t	0.0037
	03130101	电焊条	kg	6.0612
	04010112	水泥 42.5 级	t	0.0144
	14312001	硅酸钠(水玻璃)	kg	2.8531
	14390101	氧气	m^3	1.2027
	14390302	乙炔气	kg	0.4010
	15071502	玻璃布	m^2	1.4385
	20390201	钢封门	t	1.0957
机械	99090090	履带式起重机 15 t	台班	0.1200
	99090110	履带式起重机 25 t	台班	0.2470
	99091380	电动卷扬机单筒快速 10 kN	台班	0.2640
	99250015	30 kVA 交流电焊机	台班	0.6660

第五章　给排水处理构筑物

说 明

一、本章定额包括池底垫层、池底、池壁、柱、梁、中心管、水槽、挑檐式走道板及牛腿、池盖、预制盖板、压重混凝土、满水试验，共12节内容。

二、本章定额适用于现场现浇筑的各类水池，不适用于装配式水池。

三、U、V形水槽系指池壁上的环形溢水槽、纵横向的水槽及配水井的进出水槽。

四、悬臂式水槽及耳池指池壁悬臂式的环形水槽及池壁上独立的排水耳池，悬臂式水槽及耳池工程量只计算悬臂部分的体积，包括水槽上口的挑檐。

五、柱定额仅适用于独立柱，附壁柱套用池壁定额。

工程量计算规则

一、池底垫层工程量按体积以"m^3"计算。

二、池底工程量按体积以"m^3"计算，应包括池壁下部的扩大部分及壁基梁的体积。

三、池壁工程量按体积以"m^3"计算。池壁高度不包括池壁上下部的扩大部分，若无扩大部分，则按壁基梁或池底上表面至池盖下表面计算。

四、混凝土柱按图示断面尺寸乘以柱高，按体积以"m^3"计算。柱高按下列规定计算：

(一) 有梁板的柱高自混凝土底板(平台)面至顶板上表面。

(二) 无梁池盖的柱高自池底表面至池盖的下表面，其工程量应包括柱座及柱帽的体积。

(三) 架空式池的柱高自柱基上表面至架空式池底的梁、板的下表面。

五、梁的计算

(一) 与池壁、水槽相连接的梁，按图示断面尺寸乘以梁长，按体积以"m^3"计算，梁长不包括伸入壁内的部分。

(二) 圈梁系指架空式配水井的柱盖梁，按图示断面尺寸乘以梁长，按体积以"m^3"计算。

六、池中心管系指沉淀池的中心管，按体积以"m^3"计算。管高应自池底算至管顶，包括管帽。

七、水槽工程量按体积以"m^3"计算。

八、挑檐式走道板指池壁上环形走道板及扩大部分，工程量按体积以"m^3"计算。计算时，扣除壁厚部分体积。

九、牛腿工程量按体积以"m^3"计算。

十、池盖工程量按体积以"m^3"计算。无梁池盖应包括池壁相连的扩大部分体积。球形池盖应自池壁顶面以上，包括边侧梁的体积在内。

十一、预制盖板工程量按体积以"m^3"计算。

十二、压重混凝土工程量按体积以"m^3"计算。

十三、满水试验按设计要求的每个池的充水量以100 m^3 计算。

第一节　池底垫层

工作内容:1. 铺砂、浇水、夯实。
2. 浇筑垫层、安拆模板。

定额编号			K-5-1-1	K-5-1-2
项目			黄砂	混凝土
			m^3	m^3
预算定额编号	预算定额名称	预算定额单位	数量	
53-5-1-1	池底垫层 黄砂	m^3	1.0000	
53-5-1-2	池底垫层 混凝土	m^3		1.0000
53-9-5-17	模板工程 平斜坡池底模板	m^2		0.3000

工作内容:1. 铺砂、浇水、夯实。
2. 浇筑垫层、安拆模板。

定额编号				K-5-1-1	K-5-1-2
项目				黄砂	混凝土
名称			单位	m^3	m^3
人工	00190101	综合人工	工日	0.5966	0.4174
材料	02090101	塑料薄膜	m^2		0.8018
	03150101	圆钉	kg		0.0008
	04030115	黄砂 中粗	t	1.7680	
	34110101	水	m^3	0.1600	0.0132
	35010102	组合钢模板	kg		0.1910
	35010703	木模板成材	m^3		0.0005
	35020401	钢模零配件	kg		0.0568
	80210515	预拌混凝土(非泵送型) C20 粒径 5～40	m^3		1.0100
机械	99050940	混凝土振捣器 平板式	台班	0.0707	0.0998
	99070540	载重汽车 6 t	台班		0.0005
	99090090	履带式起重机 15 t	台班	0.0355	0.0074
	99090360	汽车式起重机 8 t	台班		0.0003
	99210010	木工圆锯机 ϕ500	台班		0.0004
	99210065	木工平刨床 刨削宽度 450	台班		0.0004

第二节　池　底

工作内容：浇筑池底、泵车输送、安拆模板。

定额编号			K-5-2-1	K-5-2-2	K-5-2-3
项目			平、斜坡池底	锥形池底	架空池底
			m^3	m^3	m^3
预算定额编号	预算定额名称	预算定额单位	数量		
53-5-2-1	池底混凝土 平斜坡池底	m^3	1.0000		
53-5-2-2	池底混凝土 锥形池底	m^3		1.0000	
53-5-2-3	池底混凝土 架空池底	m^3			1.0000
53-7-7-1	混凝土输送机泵管安拆使用 预拌混凝土输送 泵车	m^3	1.0100	1.0100	1.0100
53-9-5-17	模板工程 平斜坡池底模板	m^2	0.3000		
53-9-5-18	模板工程 锥形池底模板	m^2		0.6000	
53-9-5-19	模板工程 架空池底模板	m^2			3.7000

工作内容：浇筑池底、泵车输送、安拆模板。

定额编号				K-5-2-1	K-5-2-2	K-5-2-3
项目				平、斜坡池底	锥形池底	架空池底
名称			单位	m^3	m^3	m^3
人工	00190101	综合人工	工日	1.2409	1.3898	2.3010
材料	02090101	塑料薄膜	m^2	0.3007	0.3007	0.3007
	03150101	圆钉	kg	0.0008	0.0016	0.0105
	34110101	水	m^3	0.1060	0.1060	0.1060
	35010102	组合钢模板	kg	0.1910	0.3821	2.3326
	35010703	木模板成材	m^3	0.0005	0.0011	0.0075
	35020106	钢模支撑	kg			1.8367
	35020401	钢模零配件	kg	0.0568	0.1135	0.6861
	80210424	预拌混凝土(泵送型) C30 粒径5～40	m^3	1.0100	1.0100	1.0100
机械	99050540	混凝土输送泵车 75 m^3/h	台班	0.0169	0.0169	0.0169
	99050930	混凝土振捣器 插入式	台班	0.0998	0.0998	0.0998
	99050940	混凝土振捣器 平板式	台班	0.0998	0.0998	0.0998
	99070540	载重汽车 6 t	台班	0.0005	0.0010	0.0085
	99090090	履带式起重机 15 t	台班	0.0074	0.0149	0.0918
	99090360	汽车式起重机 8 t	台班	0.0003	0.0007	0.0056
	99210010	木工圆锯机 ϕ500	台班	0.0004	0.0010	0.1628
	99210065	木工平刨床 刨削宽度 450	台班	0.0004	0.0010	0.1628

第三节 池 壁

工作内容：浇筑池壁、泵车输送、搭拆脚手架、安拆模板。

定额编号			K-5-3-1	K-5-3-2	K-5-3-3	K-5-3-4
项目			池壁			
			30 cm 以内	40 cm 以内	60 cm 以内	90 cm 以内
			m^3	m^3	m^3	m^3
预算定额编号	预算定额名称	预算定额单位	数量			
53-5-3-1	池壁混凝土	m^3	1.0000	1.0000	1.0000	1.0000
53-7-7-1	混凝土输送机泵管安拆使用 预拌混凝土输送 泵车	m^3	1.0100	1.0100	1.0100	1.0100
53-9-2-1	双排脚手架(高≤10 m)	m^2	4.0900	2.9100	2.0300	1.4500
53-9-5-20	模板工程 池壁模板	m^2	8.0900	5.7900	4.0600	2.9100
53-9-5-21	模板工程 池壁模板 超 3.6 m 每增 1 m	m^2	8.0900	11.5700	16.2400	14.5500

工作内容：浇筑池壁、泵车输送、搭拆脚手架、安拆模板。

定额编号				K-5-3-1	K-5-3-2	K-5-3-3	K-5-3-4
项目				池壁			
				30 cm 以内	40 cm 以内	60 cm 以内	90 cm 以内
名称			单位	m^3	m^3	m^3	m^3
人工	00190101	综合人工	工日	4.0114	3.0411	2.3475	1.8041
材料	02090101	塑料薄膜	m^2	0.3007	0.3007	0.3007	0.3007
	02190101	尼龙帽	个	8.1709	5.8479	4.1006	2.9391
	03014101	六角螺栓连母垫	kg	2.0166	1.4433	1.0120	0.7254
	03150101	圆钉	kg	0.0229	0.0164	0.0115	0.0082
	03152201	钢板网	m^2	0.4172	0.2968	0.2071	0.1479
	03152501	镀锌铁丝	kg	0.2799	0.1992	0.1389	0.0992
	05031801	枕木	m^3	0.0008	0.0006	0.0004	0.0003

（续表）

定额编号				K-5-3-1	K-5-3-2	K-5-3-3	K-5-3-4
项目				池壁			
				30 cm 以内	40 cm 以内	60 cm 以内	90 cm 以内
名称			单位	m^3	m^3	m^3	m^3
材料	34110101	水	m^3	0.1060	0.1060	0.1060	0.1060
	35010102	组合钢模板	kg	5.1003	3.6503	2.5596	1.8346
	35010703	木模板成材	m^3	0.0147	0.0105	0.0074	0.0053
	35020106	钢模支撑	kg	4.3509	3.2225	2.4122	1.7836
	35020401	钢模零配件	kg	1.5271	1.0930	0.7664	0.5493
	35030343	钢管 ϕ48×3.6	kg	1.3996	0.9958	0.6947	0.4962
	35030612	钢管底座 ϕ48	只	0.0146	0.0104	0.0072	0.0052
	35031212	对接扣件 ϕ48	只	0.0446	0.0318	0.0222	0.0158
	35031213	迴转扣件 ϕ48	只	0.0513	0.0365	0.0255	0.0182
	35031214	直角扣件 ϕ48	只	0.1631	0.1161	0.0810	0.0578
	35031242	扣件螺栓	只	2.0304	1.4446	1.0078	0.7198
	35032122	钢直扶梯	kg	0.0843	0.0600	0.0418	0.0299
	35050122	安全网(锦纶)	m^2	0.1160	0.0825	0.0576	0.0411
	80210424	预拌混凝土(泵送型) C30 粒径 5～40	m^3	1.0100	1.0100	1.0100	1.0100
机械	99050540	混凝土输送泵车 75 m^3/h	台班	0.0169	0.0169	0.0169	0.0169
	99050930	混凝土振捣器 插入式	台班	0.1148	0.1148	0.1148	0.1148
	99070540	载重汽车 6 t	台班	0.0308	0.0226	0.0167	0.0123
	99090075	履带式起重机 8 t	台班	0.2289	0.1639	0.1149	0.0824
	99090360	汽车式起重机 8 t	台班	0.0154	0.0116	0.0089	0.0067
	99210010	木工圆锯机 ϕ500	台班	0.0429	0.0307	0.0215	0.0154
	99210065	木工平刨床 刨削宽度 450	台班	0.0429	0.0307	0.0215	0.0154

工作内容：浇筑池壁、泵车输送、搭拆脚手架、安拆模板。

定额编号			K-5-3-5
项目			池壁
			90 cm 以外
			m^3
预算定额编号	预算定额名称	预算定额单位	数量
53-5-3-1	池壁混凝土	m^3	1.0000
53-7-7-1	混凝土输送机泵管安拆使用 预拌混凝土输送 泵车	m^3	1.0100
53-9-2-1	双排脚手架(高≤10 m)	m^2	1.0600
53-9-5-20	模板工程 池壁模板	m^2	2.1500
53-9-5-21	模板工程 池壁模板 超 3.6 m 每增 1 m	m^2	17.1800

工作内容：浇筑池壁、泵车输送、搭拆脚手架、安拆模板。

定额编号				K-5-3-5
项目				池壁
				90 cm 以外
名称			单位	m^3
人工	00190101	综合人工	工日	1.5090
材料	02090101	塑料薄膜	m^2	0.3007
	02190101	尼龙帽	个	2.1715
	03014101	六角螺栓连母垫	kg	0.5359
	03150101	圆钉	kg	0.0061
	03152201	钢板网	m^2	0.1081
	03152501	镀锌铁丝	kg	0.0725
	05031801	枕木	m^3	0.0002
	34110101	水	m^3	0.1060
	35010102	组合钢模板	kg	1.3555
	35010703	木模板成材	m^3	0.0039
	35020106	钢模支撑	kg	1.4385
	35020401	钢模零配件	kg	0.4059
	35030343	钢管 ϕ48×3.6	kg	0.3627
	35030612	钢管底座 ϕ48	只	0.0038
	35031212	对接扣件 ϕ48	只	0.0116
	35031213	迴转扣件 ϕ48	只	0.0133
	35031214	直角扣件 ϕ48	只	0.0423
	35031242	扣件螺栓	只	0.5262
	35032122	钢直扶梯	kg	0.0218
	35050122	安全网(锦纶)	m^2	0.0301
	80210424	预拌混凝土(泵送型) C30 粒径 5～40	m^3	1.0100
机械	99050540	混凝土输送泵车 75 m^3/h	台班	0.0169
	99050930	混凝土振捣器 插入式	台班	0.1148
	99070540	载重汽车 6 t	台班	0.0096
	99090075	履带式起重机 8 t	台班	0.0608
	99090360	汽车式起重机 8 t	台班	0.0056
	99210010	木工圆锯机 ϕ500	台班	0.0114
	99210065	木工平刨床 刨削宽度 450	台班	0.0114

工作内容:浇筑池壁、泵车输送、搭拆脚手架、安拆模板。

定额编号			K-5-3-6	K-5-3-7	K-5-3-8	K-5-3-9
项目			池壁(内衬)			
			40 cm 以内	60 cm 以内	80 cm 以内	80 cm 以外
			m^3	m^3	m^3	m^3
预算定额编号	预算定额名称	预算定额单位	数量			
53-5-3-1	池壁混凝土	m^3	1.0000	1.0000	1.0000	1.0000
53-7-7-1	混凝土输送机泵管安拆使用 预拌混凝土输送 泵车	m^3	1.0100	1.0100	1.0100	1.0100
53-9-2-1	双排脚手架(高≤10 m)	m^2	2.5500	2.0300	1.4500	1.1200
53-9-5-20	模板工程 池壁模板	m^2	2.5700	2.0600	1.4800	1.1500
53-9-5-21	模板工程 池壁模板 超 3.6 m 每增 1 m	m^2	5.1500	8.2400	7.4000	8.0500

工作内容:浇筑池壁、泵车输送、搭拆脚手架、安拆模板。

定额编号				K-5-3-6	K-5-3-7	K-5-3-8	K-5-3-9
项目				池壁(内衬)			
				40 cm 以内	60 cm 以内	80 cm 以内	80 cm 以外
名称			单位	m^3	m^3	m^3	m^3
人工	00190101	综合人工	工日	1.6353	1.4307	1.1238	0.9688
材料	02090101	塑料薄膜	m^2	0.3007	0.3007	0.3007	0.3007
	02190101	尼龙帽	个	2.5957	2.0806	1.4948	1.1615
	03014101	六角螺栓连母垫	kg	0.6406	0.5135	0.3689	0.2867
	03150101	圆钉	kg	0.0073	0.0058	0.0042	0.0033
	03152201	钢板网	m^2	0.2601	0.2071	0.1479	0.1142
	03152501	镀锌铁丝	kg	0.1745	0.1389	0.0992	0.0767
	05031801	枕木	m^3	0.0005	0.0004	0.0003	0.0002
	34110101	水	m^3	0.1060	0.1060	0.1060	0.1060
	35010102	组合钢模板	kg	1.6202	1.2987	0.9331	0.7250

（续表）

定额编号				K-5-3-6	K-5-3-7	K-5-3-8	K-5-3-9
项目				池壁(内衬)			
				40 cm 以内	60 cm 以内	80 cm 以内	80 cm 以外
名称			单位	m^3	m^3	m^3	m^3
材料	35010703	木模板成材	m^3	0.0047	0.0037	0.0027	0.0021
	35020106	钢模支撑	kg	1.4306	1.2239	0.9072	0.7481
	35020401	钢模零配件	kg	0.4851	0.3889	0.2794	0.2171
	35030343	钢管 ϕ48×3.6	kg	0.8726	0.6947	0.4962	0.3833
	35030612	钢管底座 ϕ48	只	0.0091	0.0072	0.0052	0.0040
	35031212	对接扣件 ϕ48	只	0.0278	0.0222	0.0158	0.0122
	35031213	迴转扣件 ϕ48	只	0.0320	0.0255	0.0182	0.0141
	35031214	直角扣件 ϕ48	只	0.1017	0.0810	0.0578	0.0447
	35031242	扣件螺栓	只	1.2659	1.0078	0.7198	0.5560
	35032122	钢直扶梯	kg	0.0525	0.0418	0.0299	0.0231
	35050122	安全网(锦纶)	m^2	0.0723	0.0576	0.0411	0.0318
	80210424	预拌混凝土(泵送型) C30 粒径 5～40	m^3	1.0100	1.0100	1.0100	1.0100
机械	99050540	混凝土输送泵车 75 m^3/h	台班	0.0169	0.0169	0.0169	0.0169
	99050930	混凝土振捣器 插入式	台班	0.1148	0.1148	0.1148	0.1148
	99070540	载重汽车 6 t	台班	0.0125	0.0105	0.0076	0.0061
	99090075	履带式起重机 8 t	台班	0.0727	0.0583	0.0419	0.0325
	99090360	汽车式起重机 8 t	台班	0.0051	0.0045	0.0034	0.0029
	99210010	木工圆锯机 ϕ500	台班	0.0136	0.0109	0.0078	0.0061
	99210065	木工平刨床 刨削宽度 450	台班	0.0136	0.0109	0.0078	0.0061

第四节　柱

工作内容：浇筑柱、泵车输送、搭拆脚手架、安拆模板。

定额编号			K-5-4-1
项目			柱
			m^3
预算定额编号	预算定额名称	预算定额单位	数量
53-5-4-1	柱混凝土 矩形柱	m^3	0.9000
53-5-4-2	柱混凝土 异形柱、圆形柱	m^3	0.1000
53-7-7-1	混凝土输送机泵管安拆使用 预拌混凝土输送 泵车	m^3	1.0100
53-9-2-1	双排脚手架(高≤10 m)	m^2	31.8800
53-9-5-22	模板工程 矩形柱模板	m^2	9.0000
53-9-5-23	模板工程 异形柱模板	m^2	0.8000
53-9-5-24	模板工程 柱模板 超 3.6 m 每增 1 m	m^2	19.6000

工作内容：浇筑柱、泵车输送、搭拆脚手架、安拆模板。

定额编号				K-5-4-1
项目				柱
名称			单位	m^3
人工	00190101	综合人工	工日	9.9375
材料	02090101	塑料薄膜	m^2	0.0296
	03150101	圆钉	kg	0.7062
	03152201	钢板网	m^2	3.2518
	03152501	镀锌铁丝	kg	2.1819
	05031801	枕木	m^3	0.0065

(续表)

定额编号				K-5-4-1
项目				柱
名称			单位	m^3
材料	34110101	水	m^3	0.1016
	35010102	组合钢模板	kg	8.5407
	35010703	木模板成材	m^3	0.0343
	35020106	钢模支撑	kg	2.7070
	35020401	钢模零配件	kg	3.2860
	35020501	柱箍、梁夹具	kg	1.6892
	35020902	模板扣件	只	2.4743
	35030343	钢管 ϕ48×3.6	kg	10.9097
	35030612	钢管底座 ϕ48	只	0.1138
	35031212	对接扣件 ϕ48	只	0.3479
	35031213	迴转扣件 ϕ48	只	0.4000
	35031214	直角扣件 ϕ48	只	1.2714
	35031242	扣件螺栓	只	15.8263
	35032122	钢直扶梯	kg	0.6569
	35050122	安全网(锦纶)	m^2	0.9040
	80210424	预拌混凝土(泵送型) C30 粒径 5～40	m^3	1.0100
机械	99050540	混凝土输送泵车 75 m^3/h	台班	0.0169
	99050930	混凝土振捣器 插入式	台班	0.0998
	99070540	载重汽车 6 t	台班	0.1082
	99090360	汽车式起重机 8 t	台班	0.0289
	99210010	木工圆锯机 ϕ500	台班	0.0099

第五节　梁

工作内容：浇筑梁、泵车输送、安拆模板。

定额编号			K-5-5-1	K-5-5-2
项目			梁	圈梁
			m^3	m^3
预算定额编号	预算定额名称	预算定额单位	数量	
53-4-9-4	地下内部结构混凝土 矩形梁	m^3	0.7500	
53-4-9-5	地下内部结构混凝土 异形梁	m^3	0.2500	
53-5-5-1	梁混凝土 矩形圈梁	m^3		1.0000
53-7-7-1	混凝土输送机泵管安拆使用 预拌混凝土输送 泵车	m^3	1.0100	1.0100
53-9-5-10	模板工程 地下内部结构 矩形梁模板	m^2	6.5000	
53-9-5-11	模板工程 地下内部结构 异形梁模板	m^2	2.1700	
53-9-5-25	模板工程 配水井矩形圈梁模板	m^2		8.6700
53-9-5-27	模板工程 梁模板 超 3.6 m 每增 1 m	m^2		8.6700

工作内容：浇筑梁、泵车输送、安拆模板。

定额编号				K-5-5-1	K-5-5-2
项目				梁	圈梁
名称			单位	m^3	m^3
人工	00190101	综合人工	工日	4.6817	5.2262
材料	02090101	塑料薄膜	m^2	1.2112	0.8018
	03150101	圆钉	kg	0.2620	0.1611
	03150501	骑马钉	kg		2.2505
	34110101	水	m^3	0.1210	0.1143
	35010102	组合钢模板	kg	5.0644	
	35010703	木模板成材	m^3	0.0190	0.0727
	35020106	钢模支撑	kg	3.5876	1.0612
	35020401	钢模零配件	kg	1.5141	
	80210424	预拌混凝土(泵送型) C30 粒径 5～40	m^3	1.0100	1.0100
机械	99050540	混凝土输送泵车 75 m^3/h	台班	0.0169	0.0169
	99050930	混凝土振捣器 插入式	台班	0.1148	0.0998
	99070540	载重汽车 6 t	台班	0.0241	0.0035
	99090075	履带式起重机 8 t	台班		0.2254
	99090090	履带式起重机 15 t	台班	0.2558	
	99090360	汽车式起重机 8 t	台班	0.0160	0.0035
	99210010	木工圆锯机 ϕ500	台班	0.0245	0.1040
	99210065	木工平刨床 刨削宽度 450	台班	0.0245	0.1040

第六节　中心管

工作内容：浇筑中心管、泵车输送、安拆模板。

定　额　编　号			K-5-6-1
项　　目			中心管
			m^3
预算定额编号	预算定额名称	预算定额单位	数　　量
53-5-6-1	中心管混凝土	m^3	1.0000
53-7-7-1	混凝土输送机泵管安拆使用 预拌混凝土输送 泵车	m^3	1.0100
53-9-5-28	模板工程 中心管模板	m^2	6.6700

工作内容：浇筑中心管、泵车输送、安拆模板。

定　额　编　号				K-5-6-1
项　　目				中心管
名　　称			单位	m^3
人工	00190101	综合人工	工日	5.1724
材料	02090101	塑料薄膜	m^2	0.0357
	02190101	尼龙帽	个	6.8714
	03014101	六角螺栓连母垫	kg	0.2816
	03150101	圆钉	kg	0.1240
	34110101	水	m^3	0.1016
	35010703	木模板成材	m^3	0.0653
	80210424	预拌混凝土(泵送型) C30 粒径 5～40	m^3	1.0100
机械	99050540	混凝土输送泵车 75 m^3/h	台班	0.0169
	99050930	混凝土振捣器 插入式	台班	0.0998
	99090075	履带式起重机 8 t	台班	0.1634
	99210010	木工圆锯机 ϕ500	台班	0.2181
	99210065	木工平刨床 刨削宽度 450	台班	0.2181

第七节　水　槽

工作内容:1. 浇筑水槽、泵车输送、安拆模板。
2. 浇筑水槽及耳池、泵车输送、安拆模板。
3. 浇筑水槽、泵车输送、安拆模板、安装水槽。

定额编号			K-5-7-1	K-5-7-2	K-5-7-3
项目			U、V形水槽	悬臂式水槽及耳池	预制水槽
			m^3	m^3	m^3
预算定额编号	预算定额名称	预算定额单位	数量		
53-5-7-1	U、V形水槽混凝土	m^3	1.0000		
53-5-7-2	悬臂式水槽及耳池混凝土	m^3		1.0000	
53-5-7-3	预制水槽 混凝土	m^3			1.0000
53-5-7-4	预制水槽 安装	m^3			1.0000
53-7-7-1	混凝土输送机泵管安拆使用 预拌混凝土输送 泵车	m^3	1.0100	1.0100	1.0100
53-9-5-29	模板工程 U、V形水槽模板	m^2	8.7000		
53-9-5-30	模板工程 悬臂式水槽及耳池模板	m^2		7.9300	
53-9-5-31	模板工程 预制水槽模板	m^2			6.9600

工作内容:1. 浇筑水槽、泵车输送、安拆模板。
2. 浇筑水槽及耳池、泵车输送、安拆模板。
3. 浇筑水槽、泵车输送、安拆模板、安装水槽。

定额编号				K-5-7-1	K-5-7-2	K-5-7-3
项目				U、V形水槽	悬臂式水槽及耳池	预制水槽
		名称	单位	m^3	m^3	m^3
人工	00190101	综合人工	工日	5.1612	4.8849	6.4660
材料	02090101	塑料薄膜	m^2	0.4702	1.0428	0.4702
	03150101	圆钉	kg	0.0246	0.0224	0.0197
	34110101	水	m^3	0.1088	0.1182	0.1088
	35010102	组合钢模板	kg	5.4857	5.0499	4.3879
	35010703	木模板成材	m^3	0.0123	0.0144	0.0084
	35020106	钢模支撑	kg	3.8874	3.7580	3.4860
	35020401	钢模零配件	kg	1.5825	1.5001	2.4358
	80060413	湿拌砌筑砂浆 WM M10.0	m^3			0.0106
	80210424	预拌混凝土(泵送型) C30 粒径 5～40	m^3	1.0100	1.0100	1.0100
机械	99050540	混凝土输送泵车 75 m^3/h	台班	0.0169	0.0169	0.0169
	99050930	混凝土振捣器 插入式	台班	0.0998	0.0998	0.0998
	99070540	载重汽车 6 t	台班	0.0261	0.0246	0.0529
	99090075	履带式起重机 8 t	台班	0.1992	0.1816	
	99090090	履带式起重机 15 t	台班			0.0201
	99090360	汽车式起重机 8 t	台班	0.0174	0.0159	0.0355
	99210010	木工圆锯机 ϕ500	台班	0.0209	0.0190	0.0167
	99210065	木工平刨床 刨削宽度 450	台班	0.0209	0.0190	0.0167

第八节 挑檐式走道板及牛腿

工作内容:1. 浇筑挑檐式走道板、泵车输送、安拆模板。
2. 浇筑牛腿、泵车输送、安拆模板。

定额编号			K-5-8-1	K-5-8-2
项目			挑檐式走道板	牛腿
			m^3	m^3
预算定额编号	预算定额名称	预算定额单位	数量	
53-5-8-1	挑檐式走道板及牛腿 挑檐式走道板混凝土	m^3	1.0000	
53-5-8-2	挑檐式走道板及牛腿 牛腿混凝土	m^3		1.0000
53-7-7-1	混凝土输送机泵管安拆使用 预拌混凝土输送 泵车	m^3	1.0100	1.0100
53-9-5-32	模板工程 挑檐式走道板模板	m^2	7.6700	
53-9-5-33	模板工程 牛腿模板	m^2		8.9500

工作内容:1. 浇筑挑檐式走道板、泵车输送、安拆模板。
2. 浇筑牛腿、泵车输送、安拆模板。

定额编号				K-5-8-1	K-5-8-2
项目				挑檐式走道板	牛腿
名称			单位	m^3	m^3
人工	00190101	综合人工	工日	4.7010	9.7009
材料	02090101	塑料薄膜	m^2	0.9545	0.9928
	03150101	圆钉	kg	0.0217	0.1663
	34110101	水	m^3	0.1168	0.1168
	35010102	组合钢模板	kg	4.8355	
	35010703	木模板成材	m^3	0.0163	0.0750
	35020106	钢模支撑	kg	4.0159	
	35020401	钢模零配件	kg	2.1427	
	80210424	预拌混凝土(泵送型) C30 粒径 5～40	m^3	1.0100	1.0100
机械	99050540	混凝土输送泵车 75 m^3/h	台班	0.0169	0.0169
	99050930	混凝土振捣器 插入式	台班	0.0998	0.0998
	99070540	载重汽车 6 t	台班	0.0261	
	99090075	履带式起重机 8 t	台班	0.3336	0.4954
	99090360	汽车式起重机 8 t	台班	0.0176	
	99210010	木工圆锯机 ϕ500	台班	0.0353	0.3525
	99210065	木工平刨床 刨削宽度 450	台班	0.0353	0.3525

第九节 池 盖

工作内容:1,3. 浇筑无梁池盖、泵车输送、安拆模板。
2,4. 安拆模板。

定额编号			K-5-9-1	K-5-9-2	K-5-9-3	K-5-9-4
项目			无梁池盖			
			厚 15 cm 以内		厚 20 cm 以内	
			池盖	高度超 5.6 m 每增 1 m	池盖	高度超 5.6 m 每增 1 m
			m³	m³	m³	m³
预算定额编号	预算定额名称	预算定额单位	数量			
53-5-9-1	池盖混凝土 无梁池盖	m³	1.0000		1.0000	
53-7-7-1	混凝土输送机泵管安拆使用 预拌混凝土输送 泵车	m³	1.0100		1.0100	
53-9-5-34	模板工程 无梁池盖模板	m²	6.6700		5.0000	
53-9-5-36	模板工程 池盖模板 超 3.6 m 每增 1 m	m²	13.3400	6.6700	10.0000	5.0000

工作内容:1,3. 浇筑无梁池盖、泵车输送、安拆模板。
2,4. 安拆模板。

定额编号				K-5-9-1	K-5-9-2	K-5-9-3	K-5-9-4
项目				无梁池盖			
				厚 15 cm 以内		厚 20 cm 以内	
				池盖	高度超 5.6 m 每增 1 m	池盖	高度超 5.6 m 每增 1 m
名称			单位	m³	m³	m³	m³
人工	00190101	综合人工	工日	4.9540	0.4422	3.7765	0.3315
材料	02090101	塑料薄膜	m²	1.8523		1.8523	
	03150101	圆钉	kg	0.5776	0.2268	0.4329	0.1700
	34110101	水	m³	0.1316		0.1316	
	35010703	木模板成材	m³	0.0680		0.0510	
	35020331	模板木支撑	m³	0.0284	0.0142	0.0213	0.0107
	80210424	预拌混凝土(泵送型) C30 粒径 5～40	m³	1.0100		1.0100	
机械	99050540	混凝土输送泵车 75 m³/h	台班	0.0169		0.0169	
	99050930	混凝土振捣器 插入式	台班	0.0998		0.0998	
	99070540	载重汽车 6 t	台班	0.0053	0.0027	0.0040	0.0020
	99090075	履带式起重机 8 t	台班	0.2068		0.1550	
	99090360	汽车式起重机 8 t	台班	0.0053	0.0027	0.0040	0.0020
	99210010	木工圆锯机 ϕ500	台班	0.0934		0.0700	
	99210065	木工平刨床 刨削宽度 450	台班	0.0934		0.0700	

工作内容:1. 浇筑无梁池盖、泵车输送、安拆模板。
2,4. 安拆模板。
3. 浇筑球形池盖、泵车输送、安拆模板。

定额编号			K-5-9-5	K-5-9-6	K-5-9-7	K-5-9-8
项目			无梁池盖		球形池盖	
			厚 20 cm 以外		厚 15 cm 以内	
			池盖	高度超 5.6 m 每增 1 m	池盖	高度超 5.6 m 每增 1 m
			m^3	m^3	m^3	m^3
预算定额编号	预算定额名称	预算定额单位	数量			
53-5-9-1	池盖混凝土 无梁池盖	m^3	1.0000			
53-5-9-2	池盖混凝土 球形池盖	m^3			1.0000	
53-7-7-1	混凝土输送机泵管安拆使用 预拌混凝土输送 泵车	m^3	1.0100		1.0100	
53-9-5-34	模板工程 无梁池盖模板	m^2	4.0000			
53-9-5-35	模板工程 球形池盖模板	m^2			13.3400	
53-9-5-36	模板工程 池盖模板 超 3.6 m 每增 1 m	m^2	8.0000	4.0000	26.6800	13.3400

工作内容:1. 浇筑无梁池盖、泵车输送、安拆模板。
2,4. 安拆模板。
3. 浇筑球形池盖、泵车输送、安拆模板。

定额编号				K-5-9-5	K-5-9-6	K-5-9-7	K-5-9-8
项目				无梁池盖		球形池盖	
				厚 20 cm 以外		厚 15 cm 以内	
				池盖	高度超 5.6 m 每增 1 m	池盖	高度超 5.6 m 每增 1 m
名称			单位	m^3	m^3	m^3	m^3
人工	00190101	综合人工	工日	3.0714	0.2652	10.9484	0.8844
材料	02090101	塑料薄膜	m^2	1.8523		2.1541	
	03150101	圆钉	kg	0.3463	0.1360	1.1551	0.4536
	34110101	水	m^3	0.1316		0.1366	
	35010703	木模板成材	m^3	0.0408		0.1401	
	35020331	模板木支撑	m^3	0.0171	0.0085	0.0569	0.0284
	80210424	预拌混凝土(泵送型) C30 粒径 5～40	m^3	1.0100		1.0100	
机械	99050540	混凝土输送泵车 75 m^3/h	台班	0.0169		0.0169	
	99050930	混凝土振捣器 插入式	台班	0.0998		0.0998	
	99070540	载重汽车 6 t	台班	0.0032	0.0016	0.0107	0.0053
	99090075	履带式起重机 8 t	台班	0.1240		0.5069	
	99090360	汽车式起重机 8 t	台班	0.0032	0.0016	0.0107	0.0053
	99210010	木工圆锯机 ϕ500	台班	0.0560		0.2535	
	99210065	木工平刨床 刨削宽度 450	台班	0.0560		0.2535	

工作内容：1,3. 浇筑球形池盖、泵车输送、安拆模板。
2,4. 安拆模板。

定额编号			K-5-9-9	K-5-9-10	K-5-9-11	K-5-9-12
项目			球形池盖			
			厚 20 cm 以内		厚 20 cm 以外	
			池盖	高度超 5.6 m 每增 1 m	池盖	高度超 5.6 m 每增 1 m
			m^3	m^3	m^3	m^3
预算定额编号	预算定额名称	预算定额单位	数量			
53-5-9-2	池盖混凝土 球形池盖	m^3	1.0000		1.0000	
53-7-7-1	混凝土输送机泵管安拆使用 预拌混凝土输送 泵车	m^3	1.0100		1.0100	
53-9-5-35	模板工程 球形池盖模板	m^2	10.0000		8.0000	
53-9-5-36	模板工程 池盖模板 超 3.6 m 每增 1 m	m^2	20.0000	10.0000	16.0000	8.0000

工作内容：1,3. 浇筑球形池盖、泵车输送、安拆模板。
2,4. 安拆模板。

定额编号				K-5-9-9	K-5-9-10	K-5-9-11	K-5-9-12
项目				球形池盖			
				厚 20 cm 以内		厚 20 cm 以外	
				池盖	高度超 5.6 m 每增 1 m	池盖	高度超 5.6 m 每增 1 m
名称			单位	m^3	m^3	m^3	m^3
人工	00190101	综合人工	工日	8.2700	0.6630	6.6662	0.5304
材料	02090101	塑料薄膜	m^2	2.1541		2.1541	
	03150101	圆钉	kg	0.8659	0.3400	0.6927	0.2720
	34110101	水	m^3	0.1366		0.1366	
	35010703	木模板成材	m^3	0.1050		0.0840	
	35020331	模板木支撑	m^3	0.0426	0.0213	0.0341	0.0171
	80210424	预拌混凝土(泵送型) C30 粒径 5～40	m^3	1.0100		1.0100	
机械	99050540	混凝土输送泵车 75 m^3/h	台班	0.0169		0.0169	
	99050930	混凝土振捣器 插入式	台班	0.0998		0.0998	
	99070540	载重汽车 6 t	台班	0.0080	0.0040	0.0064	0.0032
	99090075	履带式起重机 8 t	台班	0.3800		0.3040	
	99090360	汽车式起重机 8 t	台班	0.0080	0.0040	0.0064	0.0032
	99210010	木工圆锯机 ϕ500	台班	0.1900		0.1520	
	99210065	木工平刨床 刨削宽度 450	台班	0.1900		0.1520	

第十节 预制盖板

工作内容：浇筑盖板、筑拆地模、安拆模板、安装盖板。

定额编号			K-5-10-1
项目			预制盖板
			m^3
预算定额编号	预算定额名称	预算定额单位	数量
53-5-10-1	预制、安装混凝土盖板 预制盖板混凝土	m^3	1.0000
53-5-10-2	预制、安装混凝土盖板 预制盖板安装	m^3	1.0000
53-9-5-37	模板工程 预制盖板模板	m^2	2.0000
04-7-3-64	筑地模 混凝土地模 混凝土	m^2	4
53-2-4-1	拆除混凝土结构 混凝土	m^3	0.4

工作内容：浇筑盖板、筑拆地模、安拆模板、安装盖板。

定额编号				K-5-10-1
项目				预制盖板
名称			单位	m^3
人工	00190101	综合人工	工日	3.4093
材料	02090101	塑料薄膜	m^2	12.0497
	03150101	圆钉	kg	0.0368
	03211101	风镐凿子	根	0.0979
	03211161	破碎锤钎杆 ϕ140	根	0.0006
	04030115	黄砂 中粗	t	0.3536
	34110101	水	m^3	0.8712
	35010703	木模板成材	m^3	0.0127
	36030252	涤纶针刺土工布 200 g/m^2	m^2	0.1312
	80210515	预拌混凝土(非泵送型) C20 粒径 5～40	m^3	0.4040
	80210514	预拌混凝土(非泵送型) C20 粒径 5～20	m^3	1.0100
机械	99010060	履带式单斗液压挖掘机 1 m^3	台班	0.0129
	99010610	液压镐头	台班	0.0087
	99050940	混凝土振捣器 平板式	台班	0.1382
	99090075	履带式起重机 8 t	台班	0.0500
	99210010	木工圆锯机 ϕ500	台班	0.0328
	99210065	木工平刨床 刨削宽度 450	台班	0.0328
	99330010	风镐	台班	0.0676
	99430290	内燃空气压缩机 6 m^3/min	台班	0.0338

第十一节　压重混凝土

工作内容：浇筑压重混凝土、泵车输送。

定额编号			K-5-11-1	K-5-11-2
项目			混凝土	毛石混凝土
			m^3	m^3
预算定额编号	预算定额名称	预算定额单位	数量	
53-5-11-1	压重混凝土 混凝土	m^3	1.0000	
53-5-11-2	压重混凝土 毛石混凝土	m^3		1.0000
53-7-7-1	混凝土输送机泵管安拆使用 预拌混凝土输送 泵车	m^3	1.0100	0.7613

工作内容：浇筑压重混凝土、泵车输送。

定额编号				K-5-11-1	K-5-11-2
项目				混凝土	毛石混凝土
名称			单位	m^3	m^3
人工	00190101	综合人工	工日	0.3675	0.3600
材料	02090101	塑料薄膜	m^2	0.8377	0.8712
	04110507	块石 100～400	t		0.4335
	34110101	水	m^3	0.1148	0.0905
	80210416	预拌混凝土(泵送型) C20 粒径 5～40	m^3	1.0100	0.7613
机械	99050540	混凝土输送泵车 75 m^3/h	台班	0.0169	0.0127
	99050930	混凝土振捣器 插入式	台班	0.0998	0.0499
	99050940	混凝土振捣器 平板式	台班		0.0499

第十二节　满水试验

工作内容：充水、排水。

定　额　编　号			K-5-12-1
项　　目			满水试验
			100 m^3
预算定额编号	预算定额名称	预算定额单位	数　　量
53-5-12-1	满水试验	100 m^3	1.0000

工作内容：充水、排水。

定　额　编　号				K-5-12-1
项　　目				满水试验
名　　称			单位	100 m^3
人工	00190101	综合人工	工日	1.4721
材料	04131754	蒸压灰砂砖 240×115×53	千块	0.0060
	34110101	水	m^3	105.0000
	80060413	湿拌砌筑砂浆 WM M10.0	m^3	0.0030
		其他材料费	%	2.2000
机械	99440330	潜水泵 ϕ100	台班	0.1923

第六章　钢筋工程

说　明

一、本章定额包括钢筋、钢筋种植，共 2 节内容。

二、本定额钢筋已按泵站下部结构及给排水处理构筑物中不同构件钢筋综合取定，如与实际不同，不得调整。

三、钢筋按设计数量套用相应定额计算。

四、植筋定额不包括钢筋消耗量，所植钢筋数量套用钢筋定额。

五、树根桩钢筋，套用钢筋笼定额计算。

工程量计算规则

一、钢筋及钢筋笼按照设计图纸(或设计含钢量)规定的数量，按质量以“t”计算。

二、植筋不分孔深，按钢筋规格以“根”计算。

第一节 钢 筋

工作内容：除锈、钢筋制作、绑扎、材料场内运输等全部操作内容。

定额编号			K-6-1-1	K-6-1-2
项目			钢筋	钢筋笼
			t	t
预算定额编号	预算定额名称	预算定额单位	数量	
53-6-1-1	刃脚钢筋	t	0.0500	
53-6-2-1	隔墙钢筋	t	0.1000	
53-6-3-1	井壁钢筋	t	0.1000	
53-6-4-1	沉井底板钢筋 底板钢筋	t	0.0500	
53-6-5-1	平台钢筋	t	0.0250	
53-6-6-1	地下内部结构钢筋 框架	t	0.0500	
53-6-6-3	地下内部结构钢筋 挡水板	t	0.0250	
53-6-6-4	地下内部结构钢筋 矩形梁	t	0.0500	
53-6-8-1	池底钢筋 平斜坡池底	t	0.2000	
53-6-9-1	池壁钢筋	t	0.2000	
53-6-10-1	柱钢筋 矩形柱	t	0.0500	
53-6-11-1	梁钢筋 矩形圈梁	t	0.0500	
53-6-15-1	池盖钢筋 无梁池盖	t	0.0500	
53-6-17-1	钢筋笼	t		1.0000

工作内容：除锈、钢筋制作、绑扎、材料场内运输等全部操作内容。

定额编号				K-6-1-1	K-6-1-2
项目				钢筋	钢筋笼
名称			单位	t	t
人工	00190101	综合人工	工日	7.9545	6.8733
材料	01010211	热轧带肋钢筋(HRB400) $\phi\leqslant10$	t	0.1555	
	01010211	热轧光圆钢筋(HRB400) $\phi\leqslant10$	t		0.1710
	01010212	热轧带肋钢筋(HRB400) $\phi>10$	t	0.8698	
	01010212	热轧光圆钢筋(HRB400) $\phi>10$	t		0.8540
	03130101	电焊条	kg	3.3503	13.4900
	03152501	镀锌铁丝	kg	3.9082	1.8000
机械	99090075	履带式起重机 8 t	台班	0.0645	
	99090090	履带式起重机 15 t	台班	0.1394	
	99090360	汽车式起重机 8 t	台班		0.3621
	99170010	钢筋调直机	台班	0.3954	
	99170025	钢筋切断机	台班	0.3954	0.4440
	99170045	钢筋弯曲机	台班	0.3854	
	99250015	30 kVA 交流电焊机	台班	0.2629	2.7800
	99250020	交流弧焊机 32 kVA	台班	0.5543	
	99250280	对焊机 75 kVA	台班	0.1375	

第二节　钢筋种植

工作内容：钢筋种植。

定　额　编　号			K-6-2-1	K-6-2-2	K-6-2-3
项　　目			钢筋种植		
			ϕ12 内	ϕ20 内	ϕ20 外
			根	根	根
预算定额编号	预算定额名称	预算定额单位	数　　量		
53-6-19-1	钢筋种植 ϕ12 内	根	1.0000		
53-6-19-2	钢筋种植 ϕ20 内	根		1.0000	
53-6-19-3	钢筋种植 ϕ20 外	根			1.0000

工作内容：钢筋种植。

定　额　编　号				K-6-2-1	K-6-2-2	K-6-2-3
项　　目				钢筋种植		
名　　称			单位	ϕ12 内	ϕ20 内	ϕ20 外
人工	00190101	综合人工	工日	0.0268	0.0441	0.0497
材料	03210134	合金钢钻头 ϕ14	根	0.0290		
	03210215	合金钢钻头 ϕ22～26	根		0.0380	
	03210217	合金钢钻头 ϕ28～34	根			0.0380
	14330601	丙酮	kg	0.0350	0.1090	0.1622
	14411912	植筋粘合剂 330 mL	支	0.0400	0.2620	0.3520
		其他材料费	%	3.1100	3.1100	3.1100

第七章　其他工程

说　明

一、本章定额包括金属构件制作安装、砖砌体、水泥砂浆粉刷、工程防水、池体防腐、接缝处理，共6节内容。

二、金属构件采用现场制作，定额中已包括场内运输。

三、水泥砂浆粉刷按砖结构（有嵌条、无嵌条）和混凝土结构（有嵌条、无嵌条）综合取定。

四、池体防腐按底板、内壁及顶板综合取定。

五、橡胶止水带按O型及平板型综合取定。

工程量计算规则

一、金属构件数量按设计图纸的主材（型钢、钢板、方钢、圆钢等）的质量以“t”计算，不扣除孔眼、缺角、切肢、切边的质量（圆形的和异形的钢板作方计算），但不包括螺栓及焊条的质量。

二、砖砌体数量按体积以“m^3”计算。

三、水泥砂浆粉刷按其展开面积以“m^2”计算。

四、防水砂浆及铺油毡数量按图示面积以“m^2”计算。

五、池体防腐按图示面积以“m^2”计算，不扣除0.3 m^2以内的孔洞所占面积。

六、橡胶止水带及钢板止水带按止水带的长度以“m”计算。

第一节 金属构件制作安装

工作内容:1. 通道、走道制作,通道、走道安装。
2. 楼梯、扶梯制作,楼梯、扶梯安装。
3. 钢管栏杆制作、安装。

定额编号			K-7-1-1	K-7-1-2	K-7-1-3
项目			通道、走道	楼梯、扶梯	钢管栏杆
			t	t	t
预算定额编号	预算定额名称	预算定额单位	数量		
53-7-1-1	金属构件制作安装 制作连接通道	t	0.4000		
53-7-1-2	金属构件制作安装 安装连接通道	t	0.4000		
53-7-1-3	金属构件制作安装 制作螺旋楼梯	t		0.4000	
53-7-1-4	金属构件制作安装 安装螺旋楼梯	t		0.4000	
53-7-1-5	金属构件制作安装 制作桁架式走道	t	0.6000		
53-7-1-6	金属构件制作安装 安装桁架式走道	t	0.6000		
53-7-1-7	金属构件制作安装 制作钢直扶梯	t		0.4000	
53-7-1-8	金属构件制作安装 安装钢直扶梯	t		0.4000	
53-7-1-9	金属构件制作安装 制作钢管栏杆	t			1.0000
53-7-1-10	金属构件制作安装 安装钢管栏杆	t			1.0000
53-7-1-11	金属构件制作安装 制作踏步扶梯	t		0.2000	
53-7-1-12	金属构件制作安装 安装踏步扶梯	t		0.2000	

工作内容：1. 通道、走道制作，通道、走道安装。
2. 楼梯、扶梯制作，楼梯、扶梯安装。
3. 钢管栏杆制作、安装。

定额编号				K-7-1-1	K-7-1-2	K-7-1-3
项目				通道、走道	楼梯、扶梯	钢管栏杆
名称			单位	t	t	t
人工	00190101	综合人工	工日	33.1594	39.9511	50.0354
材料	01000101	型钢 综合	t	0.5680	0.0968	
	01010212	热轧带肋钢筋(HPB400) $\phi>10$	t	0.0331	0.1276	0.0191
	01010213	热轧带肋钢筋(HPB400) $\phi\leqslant10$	kg	0.0071		
	01290301	热轧钢板(中厚板)	t	0.2895	0.3802	0.0802
	01290801	花纹钢板	t	0.1277	0.1962	
	03130101	电焊条	kg	24.3389	32.3411	6.7554
	13010101	调和漆	kg	14.8846	14.7970	15.0404
	13056101	红丹防锈漆	kg	11.5106	11.4429	11.6312
	14030101	汽油	kg	4.6638	4.6363	4.7126
	14390101	氧气	m^3	10.3685	12.8038	10.6185
	14390301	乙炔气	m^3	3.4562	4.2659	3.5395
	17030103	镀锌焊接钢管	t			0.9325
	17070111	无缝钢管	kg	67.1503	250.2721	
机械	99090075	履带式起重机 8 t	台班	0.9775	1.0647	1.3657
	99091010	门式起重机 5 t	台班	0.9995	1.2117	1.0723
	99170025	钢筋切断机	台班		0.1277	
	99250020	交流弧焊机 32 kVA	台班	2.1293	2.9814	2.3458

第二节　砖砌体

工作内容：砌筑砖砌体。

定额编号			K-7-2-1
项目			砖砌体
			m^3
预算定额编号	预算定额名称	预算定额单位	数量
53-7-2-1	砖砌体 一砖	m^3	0.6000
53-7-2-2	砖砌体 一砖半	m^3	0.2000
53-7-2-3	砖砌体 二砖	m^3	0.2000

工作内容：砌筑砖砌体。

定额编号				K-7-2-1
项目				砖砌体
名称			单位	m^3
人工	00190101	综合人工	工日	1.3182
材料	04131754	蒸压灰砂砖 240×115×53	千块	0.5411
	34110101	水	m^3	0.0262
	80060413	湿拌砌筑砂浆 WM M10.0	m^3	0.2373
机械	99090075	履带式起重机 8 t	台班	0.0449

第三节　水泥砂浆粉刷

工作内容：水泥砂浆粉刷。

定　额　编　号			K-7-3-1
项　目			水泥砂浆粉刷
			m^2
预算定额编号	预算定额名称	预算定额单位	数　量
53-7-3-1	水泥砂浆粉刷 砖结构 无嵌条	m^2	0.2500
53-7-3-2	水泥砂浆粉刷 砖结构 有嵌条	m^2	0.2500
53-7-3-3	水泥砂浆粉刷 混凝土结构 无嵌条	m^2	0.2500
53-7-3-4	水泥砂浆粉刷 混凝土结构 有嵌条	m^2	0.2500

工作内容：水泥砂浆粉刷。

定　额　编　号				K-7-3-1
项　目				水泥砂浆粉刷
名　称			单位	m^2
人工	00190101	综合人工	工日	0.1802
材料	34110101	水	m^3	0.0081
	35010703	木模板成材	m^3	0.0002
	80060414	湿拌抹灰砂浆 WP M15.0	m^3	0.0221
机械	99090075	履带式起重机 8 t	台班	0.0004

第四节　工程防水

工作内容:1. 防水砂浆粉刷。
2,3. 铺油毡。

定额编号			K-7-4-1	K-7-4-2	K-7-4-3
项目			防水砂浆	铺油毡	
				一毡	一油
			m^2	m^2	m^2
预算定额编号	预算定额名称	预算定额单位	数量		
53-7-4-2	工程防水 防水砂浆	m^2	1.0000		
53-7-4-3	工程防水 铺油毡 一毡	m^2		1.0000	
53-7-4-4	工程防水 铺油毡 一油	m^2			1.0000

工作内容:1. 防水砂浆粉刷。
2,3. 铺油毡。

定额编号				K-7-4-1	K-7-4-2	K-7-4-3
项目				防水砂浆	铺油毡	
					一毡	一油
名称			单位	m^2	m^2	m^2
人工	00190101	综合人工	工日	0.1632	0.0167	0.0314
材料	13310402	石油沥青	t			0.0022
	13332301	油毛毡	m^2		1.1651	
	14030101	汽油	kg			0.2312
	14351401	防水剂	kg	0.4120		
	80060414	湿拌抹灰砂浆 WP M15.0	m^3	0.0205		
		其他材料费	%	1.8900	1.8000	4.6000
机械	99090075	履带式起重机 8 t	台班	0.0003		

第五节　池体防腐

工作内容:1. 涂刷环氧水泥改性聚合物修平涂层。
2,3. 涂刷改性环氧树脂防水防腐涂料。

定额编号			K-7-5-1	K-7-5-2	K-7-5-3
项目			环氧水泥改性聚合物修平涂层	改性环氧树脂防水防腐涂料	
				封闭底漆一遍	封闭底漆每增一遍
			m^2	m^2	m^2
预算定额编号	预算定额名称	预算定额单位	数量		
53-7-5-1	池体防腐 环氧水泥改性聚合物修平涂层 池内底板	m^2	0.3000		
53-7-5-2	池体防腐 环氧水泥改性聚合物修平涂层 池内壁	m^2	0.5000		
53-7-5-3	池体防腐 环氧水泥改性聚合物修平涂层 池内顶板	m^2	0.2000		
53-7-5-4	改性环氧树脂防水防腐涂料 池内底板 封闭底漆一遍	m^2		0.3000	
53-7-5-5	改性环氧树脂防水防腐涂料 池内底板 封闭底漆每增一遍	m^2			0.3000
53-7-5-10	改性环氧树脂防水防腐涂料 池内壁封闭底漆一遍	m^2		0.5000	
53-7-5-11	改性环氧树脂防水防腐涂料 池内壁封闭底漆每增一遍	m^2			0.5000
53-7-5-16	改性环氧树脂防水防腐涂料 池内顶板 封闭底漆一遍	m^2		0.2000	
53-7-5-17	改性环氧树脂防水防腐涂料 池内顶板 封闭底漆每增一遍	m^2			0.2000

工作内容:1. 涂刷环氧水泥改性聚合物修平涂层。
2,3. 涂刷改性环氧树脂防水防腐涂料。

定额编号				K-7-5-1	K-7-5-2	K-7-5-3
项目				环氧水泥改性聚合物修平涂层	改性环氧树脂防水防腐涂料	
					封闭底漆一遍	封闭底漆每增一遍
名称			单位	m^2	m^2	m^2
人工	00190101	综合人工	工日	0.0267	0.0879	0.0703
材料	13012611	改性环氧树脂封闭底漆	kg		0.1976	0.1677
	13058551	环氧水泥改性聚合物底涂	kg	0.0859		
	13058561	环氧水泥改性聚合物防水防腐涂料	kg	3.2320		
		其他材料费	%	2.0000	5.0000	5.0000
机械	99450360	轴流通风机 7.5 kW	台班		0.0796	0.0637

工作内容：涂刷改性环氧树脂防水防腐涂料。

定额编号			K-7-5-4	K-7-5-5	K-7-5-6	K-7-5-7
项目			改性环氧树脂防水防腐涂料			
			中间漆一遍	中间漆每增一遍	面漆一遍	面漆每增一遍
			m^2	m^2	m^2	m^2
预算定额编号	预算定额名称	预算定额单位	数量			
53-7-5-6	改性环氧树脂防水防腐涂料 池内底板 中间漆一遍	m^2	0.3000			
53-7-5-7	改性环氧树脂防水防腐涂料 池内底板 中间漆每增一遍	m^2		0.3000		
53-7-5-8	改性环氧树脂防水防腐涂料 池内底板 面漆一遍	m^2			0.3000	
53-7-5-9	改性环氧树脂防水防腐涂料 池内底板 面漆每增一遍	m^2				0.3000
53-7-5-12	改性环氧树脂防水防腐涂料 池内壁中间漆一遍	m^2	0.5000			
53-7-5-13	改性环氧树脂防水防腐涂料 池内壁中间漆每增一遍	m^2		0.5000		
53-7-5-14	改性环氧树脂防水防腐涂料 池内壁面漆一遍	m^2			0.5000	
53-7-5-15	改性环氧树脂防水防腐涂料 池内壁面漆每增一遍	m^2				0.5000
53-7-5-18	改性环氧树脂防水防腐涂料 池内顶板 中间漆一遍	m^2	0.2000			
53-7-5-19	改性环氧树脂防水防腐涂料 池内顶板 中间漆每增一遍	m^2		0.2000		
53-7-5-20	改性环氧树脂防水防腐涂料 池内顶板 面漆一遍	m^2			0.2000	
53-7-5-21	改性环氧树脂防水防腐涂料 池内顶板 面漆每增一遍	m^2				0.2000

工作内容：涂刷改性环氧树脂防水防腐涂料。

定额编号				K-7-5-4	K-7-5-5	K-7-5-6	K-7-5-7
项目				改性环氧树脂防水防腐涂料			
				中间漆一遍	中间漆每增一遍	面漆一遍	面漆每增一遍
名称			单位	m^2	m^2	m^2	m^2
人工	00190101	综合人工	工日	0.0681	0.0545	0.0619	0.0495
材料	13012612	改性环氧树脂中间漆	kg	0.1651	0.1638		
	13012613	改性环氧树脂面漆	kg			0.1794	0.1724
		其他材料费	%	5.0000	5.0000	5.0000	5.0000
机械	99450360	轴流通风机 7.5 kW	台班	0.0796	0.0637	0.0796	0.0637

第六节 接缝处理

工作内容:1. 安装橡胶止水带。
2. 安装钢板止水带。

定 额 编 号			K-7-6-1	K-7-6-2
项 目			橡胶止水带	钢板止水带
			m	m
预算定额编号	预算定额名称	预算定额单位	数 量	
53-7-6-1	接缝处理 橡胶止水带 O 型	m	0.5000	
53-7-6-2	接缝处理 橡胶止水带 平板型	m	0.5000	
04-4-5-5	施工缝 钢板止水带	m		1.0000

工作内容:1. 安装橡胶止水带。
2. 安装钢板止水带。

定 额 编 号				K-7-6-1	K-7-6-2
项 目				橡胶止水带	钢板止水带
名 称			单位	m	m
人工	00190101	综合人工	工日	0.2254	0.2165
材料	05150101	木丝板	m^2	0.3831	
	13310402	石油沥青	t	0.0030	
	13370316	O 型橡胶止水带	m	0.5258	
	13370317	平板型橡胶止水带	m	0.5261	
	13370801	钢板止水带	m		1.0500
	14030101	汽油	kg	0.4753	
机械	99090090	履带式起重机 15 t	台班		0.0001

第八章　设备安装工程

说　明

一、本章定额包括拦污设备、提水设备、闸门和堰门、垃圾处理设备、水泵管配件及活便门等、处理臭气设备、雨水调蓄池冲洗设备、搅拌设备、曝气设备、沉淀池排泥设备、污泥脱水设备、其他设备，共 12 节内容。

二、本章定额适用于给排水泵站及给排水处理厂新建、扩建、改建项目的专用机械设备安装。通用机械设备安装应套用安装工程概算定额。

三、本章定额设备、机具和材料的搬运

(一) 设备搬运包括自安装现场指定堆放地点至安装地点的水平和垂直搬运。

(二) 机具和材料搬运包括施工现场仓库至安装地点的水平和垂直搬运。

四、本章定额均不包括负荷试运转、联合试运转、生产准备试运转工作。

五、各类设备安装内容

(一) 拦污设备

1. 除污机安装包括安装钢支架、驱动机构、除污耙、拦污挡板及钢支架与导轨间的联接，行程开关，穿钢丝绳。

2. 固定式格栅除污机包括钢丝绳牵引的三索式和滑块式。

3. 移动式格栅除污机包括钢丝绳牵引，带行走装置，但不包括钢轨。

4. 回旋式格栅除污机已包括格栅片组。

5. 格栅片组为普通碳钢机械帘格，格栅片组安装包括现场矫正、下部支撑件安装(不包括制作)、联接、固定。

6. 格栅除污机不包括走道板和栏杆的制作及安装。

(二) 提水设备

1. 轴流泵包括安装泵体、立式电动装置、密封底板、斜管、中间轴承支架。不包括进出水管、中间轴承支架和电动基座、活便门、电机孔盖板。

2. 轴流泵包括半调节封闭式的轴流泵和立式混流泵，当叶片为全调节时，人工数量乘以 1.5 系数。

3. 潜水轴流泵安装包括泵体、泵基座、出线电缆及密封环。不包括出水管、活便门。

4. 潜水轴流泵的井筒按 3 m 以内考虑，3 m 以外按本章配件安装计算。

5. 若每座泵站轴流泵或潜水轴流泵的安装数量小于 3 台，人工数量乘以 1.3 系数。

6. 潜水离心泵安装包括泵体、泵体扬水管及滤水网以及与本体联体的附件、管道、润滑、冷却装置等清洗、组装、刮研。

(三) 闸门和堰门

1. 闸门安装考虑升杆式、暗杆式、双螺杆式三种形式。

2. 铸铁方闸门安装包括闸门、闸门座、门框、密封条、闸门杆、连接杆及轴导架。

3. 铸铁圆闸门安装包括闸门、闸门杆、连接杆及轴导架。铸铁圆闸门与预埋墙管连接时，石棉橡胶垫床另行计算。

4. 钢制调节堰门安装包括堰门组合件及传动装置。

5. 拍门安装包括开箱点件、基础划线、场内运输、拍门安装、找平、找正、螺栓紧固、试运转。

(四) 水泵管配件及活便门等

管配件安装包括管件连接及密封材料、紧固件在内的全部安装工序，不包括管道支架及管道试压。

(五) 处理臭气设备

除臭箱体安装包括设备现场机械或人工驳运，除臭风管、电控箱、动力及控制电缆敷设、供配电及程序调试等工作量按实另计。

（六）雨水调蓄池冲洗设备

水力冲洗翻斗安装，设备现场增加的机械或人工驳运按实另计。

（七）搅拌设备

潜水搅拌机不包括支架。

（八）曝气设备

1. 卧式表面曝气机包括现场安装机座、电机、传动装置、曝气叶轮、叶轮升降装置。

2. 曝气管包括闸阀后的全部管件和配件，曝气管安装包括整形、联接、固定及配合土建砌粉支墩。

（九）沉淀池排泥设备

1. 垂架式中心传动吸泥机安装包括中心柱管、传动转盘、竖架、刮臂、刮泥板组合件、环形槽刮泥板组合件、撇渣板、驱动装置、吸泥装置。不包括刮、吸泥机的工作桥和排渣斗。垂架式吸泥机以虹吸式为准，如采用泵吸式，人工及机械台班数量乘以 1.3 系数。

2. 垂架式单、双周边刮泥机安装包括进水柱管、中心轴承组、旋转走桥、环形槽刮板组合件、刮臂、刮泥组合件、撇渣装置及启动装置。

3. 垂架式单、双周边吸泥机安装包括进水柱管、稳流筒、中心泥缸、钢梁、吸泥装置、传动装置、刮板、走道板、浮渣刮板。

4. 悬挂式牵引式浓缩机安装包括传动装置、传动轴、底轴承、刮泥板组合件、浓缩刮泥机。

5. 链条牵引式刮泥机安装包括驱动装置、导向轮和从动轮组合、链槽、导槽链节及刮板。

6. 设备安装均按部件整体吊装考虑，如为部件解体安装，现场组焊另行计算。

（十）污泥脱水设备

1. 设备的质量不包括附件。

2. 脱水机安装不包括加药、计量、冲洗、加热保温、输送等装置。

（十一）其他设备

1. 滤板制作：包括混凝土浇捣、养护、预埋滤头套箍。

2. 滤料铺设：包括筛、运、洗砂石，清底层，挂线，铺设滤料，整形找平等。

3. 斜板、斜管：包括铺装、固定、场内材料运输等。

工程量计算规则

一、机械设备类

（一）轴流泵、潜水泵、垃圾打包机、垃圾压榨机、滤带式污泥脱水机、离心式污泥脱水机均区分设备质量，以“台”计算。轴流泵的质量中不包括电动机质量，潜水轴流泵质量中包括电动机质量。

（二）微孔曝气器、卧式表面曝气机、潜水搅拌机均区分直径，以“台”计算。

（三）固定式格栅除污机以宽度区分，垃圾输送机以长度区分；移动式格栅除污机、回旋式格栅除污机不分规格，均以“台”计算。

（四）浓缩机、吸泥机、刮泥机（除链条牵引式刮泥机以单、双链区分外）均按池径以“台”计算。

（五）铸铁活便门、铸铁闸门、堰门、拍门，均区分直径或长×宽，以“座”计算；钢制调节堰门按宽度区分，以“座”计算；驱动装置分手动、手电两用、双螺杆区分，以“台”计算。

（六）高能光量子除臭设备按风量区分，以“套”计算。

（七）水力冲洗翻斗按冲洗水量区分，以“台”计算。

二、其他项目

（一）格栅片组按质量以“t”计算。

（二）曝气管以“组”计算。

（三）铸铁压力井盖座分 1 m^2 以内、以外，以“台”计算。

（四）铸铁管配件及钢制管配件不区分类型及规格，按管配件质量以“t”计算。

（五）滤板按板厚乘以面积以“m^3”计算。

（六）滤料按体积以“m^3”计算。

（七）斜管按垂直投影面积以“m^2”计算。

第一节　拦污设备

工作内容：安装固定式格栅除污机。

定额编号			K-8-1-1	K-8-1-2	K-8-1-3
项目			固定式格栅除污机		
			宽 2 m	宽 3 m	宽 4 m
			台	台	台
预算定额编号	预算定额名称	预算定额单位	数量		
53-8-1-1	栏污设备 安装固定式格栅除污机 宽 2 m	台	1.0000		
53-8-1-2	栏污设备 安装固定式格栅除污机 宽 3 m	台		1.0000	
53-8-1-3	栏污设备 安装固定式格栅除污机 宽 4 m	台			1.0000

工作内容：安装固定式格栅除污机。

定额编号				K-8-1-1	K-8-1-2	K-8-1-3
项目				固定式格栅除污机		
				宽 2 m	宽 3 m	宽 4 m
名称			单位	台	台	台
人工	00190106	综合人工(安装)	工日	56.9099	66.3458	87.5711
材料	03130101	电焊条	kg	2.3320	2.5300	3.1900
	03152501	镀锌铁丝	kg	3.5000	4.0000	4.5000
	05030101	成材	m^3	0.0200	0.0230	0.0290
	05031801	枕木	m^3	0.0700	0.0800	0.1000
	14030101	汽油	kg	0.5700	0.6400	0.6800
	14030501	煤油	kg	2.7000	3.4200	3.7800
	14070101	机油	kg	1.0800	1.3700	1.5100
	14090101	黄油	kg	1.3400	1.4800	1.5600
	33331911	平斜垫铁 1#	副	5.0000	5.0000	7.0000
		其他材料费	%	3.0000	3.0000	3.0000
机械	99090360	汽车式起重机 8 t	台班	0.5460	0.6240	1.5210
	99091470	电动卷扬机单筒慢速 50 kN	台班	0.6890	0.7410	1.0205
	99250020	交流弧焊机 32 kVA	台班	0.4664	0.5060	0.6380
		其他机械费	%	1.0000	1.0000	1.0000

工作内容:1. 安装移动式格栅除污机。
2. 安装回转式格栅除污机。
3. 安装扁钢进水格栅片组。

定 额 编 号			K-8-1-4	K-8-1-5	K-8-1-6
项 目			移动式格栅除污机	回转式格栅除污机	扁钢进水格栅片组
			台	台	t
预算定额编号	预算定额名称	预算定额单位	数 量		
53-8-1-4	栏污设备 安装移动式格栅除污机	台	1.0000		
53-8-1-5	栏污设备 安装回转式格栅除污机	台		1.0000	
53-8-1-6	栏污设备 安装扁钢进水格栅片组	t			1.0000

工作内容:1. 安装移动式格栅除污机。
2. 安装回转式格栅除污机。
3. 安装扁钢进水格栅片组。

定 额 编 号				K-8-1-4	K-8-1-5	K-8-1-6
项 目				移动式格栅除污机	回转式格栅除污机	扁钢进水格栅片组
名 称			单位	台	台	t
人工	00190106	综合人工(安装)	工日	52.8707	56.9042	8.7322
材料	01290301	热轧钢板(中厚板)	t			0.0010
	03130101	电焊条	kg	1.0780	2.5850	0.1430
	03152501	镀锌铁丝	kg	3.5000	3.5000	0.5000
	05030101	成材	m^3	0.0220	0.0200	0.0130
	05031801	枕木	m^3	0.0775	0.0700	0.0425
	14030101	汽油	kg	0.6200		
	14030501	煤油	kg	3.1800	2.7000	
	14070101	机油	kg	1.2700	1.0800	0.5000
	14090101	黄油	kg	1.4400	1.3400	
	33331911	平斜垫铁 1#	副		5.0000	
		其他材料费	%	3.0000	3.0000	3.0000
机械	99090360	汽车式起重机 8 t	台班	0.7150	0.5460	0.5070
	99091470	电动卷扬机单筒慢速 50 kN	台班	1.0270	0.6890	
	99250020	交流弧焊机 32 kVA	台班	0.2450	0.5170	0.0286
		其他机械费	%	1.0000	1.0000	1.0000

第二节　提水设备

工作内容：安装轴流泵。

定额编号			K-8-2-1	K-8-2-2	K-8-2-3	K-8-2-4
项目			轴流泵			
			≤2 t	4 t	8 t	12 t
			台	台	台	台
预算定额编号	预算定额名称	预算定额单位	数量			
53-8-2-1	提水设备 安装 1 t 轴流泵	台	0.5000			
53-8-2-2	提水设备 安装 2 t 轴流泵	台	0.5000			
53-8-2-3	提水设备 安装 4 t 轴流泵	台		1.0000		
53-8-2-4	提水设备 安装 8 t 轴流泵	台			1.0000	
53-8-2-5	提水设备 安装 12 t 轴流泵	台				1.0000

工作内容：安装轴流泵。

定额编号				K-8-2-1	K-8-2-2	K-8-2-3	K-8-2-4
项目				轴流泵			
				≤2 t	4 t	8 t	12 t
名称			单位	台	台	台	台
人工	00190106	综合人工(安装)	工日	56.9799	71.9128	97.4018	134.5734
材料	01290301	热轧钢板(中厚板)	t	0.0020	0.0020	0.0030	0.0030
	02010101	橡胶板	kg	5.1750	14.0200	16.9500	26.2100
	03130101	电焊条	kg	1.1605	1.2650	1.6830	2.1010
	03152501	镀锌铁丝	kg	3.5000	5.0000	5.0000	5.0000
	05030101	成材	m^3	0.0225	0.0250	0.0340	0.0350
	05031801	枕木	m^3	0.0775	0.0850	0.1138	0.1188
	05032601	硬木成材	m^3	0.0035	0.0070	0.0090	0.0110
	09350314	铜箔 δ0.04	kg	0.0500	0.0600	0.0600	0.0800
	14030101	汽油	kg	0.5250	0.6500	0.8500	1.0500
	14030501	煤油	kg	2.2500	3.5000	5.5000	7.5000
	14070101	机油	kg	0.9000	1.4000	2.2000	3.0000
	14090101	黄油	kg	1.4500	1.7000	2.2000	2.6000
	33331911	平斜垫铁 1#	副	7.0000	8.0000	10.0000	12.0000
		其他材料费	%	3.0000	3.0000	3.0000	3.0000
机械	99091470	电动卷扬机单筒慢速 50 kN	台班	1.3650	1.7290		
	99091480	电动卷扬机单筒慢速 80 kN	台班			3.1525	3.1525
	99250020	交流弧焊机 32 kVA	台班	0.2321	0.2530	0.3366	0.4202
		其他机械费	%	1.0000	1.0000	1.0000	1.0000

工作内容:安装轴流泵。

定额编号			K-8-2-5	K-8-2-6
项目			轴流泵	
			18 t	24 t
			台	台
预算定额编号	预算定额名称	预算定额单位	数量	
53-8-2-6	提水设备 安装 18 t 轴流泵	台	1.0000	
53-8-2-7	提水设备 安装 24 t 轴流泵	台		1.0000

工作内容:安装轴流泵。

定额编号				K-8-2-5	K-8-2-6
项目				轴流泵	
				18 t	24 t
名称			单位	台	台
人工	00190106	综合人工(安装)	工日	156.1195	262.5306
材料	01290301	热轧钢板 中厚板	t	0.0030	0.0054
	02010101	橡胶板	kg	26.2100	47.1800
	03130101	电焊条	kg	2.1010	3.7840
	03152501	镀锌铁丝	kg	5.0000	5.4000
	05030101	成材	m^3	0.0410	0.0700
	05031801	枕木	m^3	0.1325	0.2488
	05032601	硬木成材	m^3	0.0110	
	09350314	铜箔 δ0.04	kg	0.0800	0.1400
	14030101	汽油	kg	1.3500	
	14030501	煤油	kg	10.5000	19.5000
	14070101	机油	kg	4.2000	7.6400
	14090101	黄油	kg	3.2000	5.3200
	33331911	平斜垫铁 1#	副	12.0000	22.0000
		其他材料费	%	3.0000	3.0000
机械	99091480	电动卷扬机单筒慢速 80 kN	台班	4.6410	8.3525
	99250020	交流弧焊机 32 kVA	台班	0.4202	0.7568
		其他机械费	%	1.0000	1.0000

工作内容：安装潜水轴流泵。

定额编号			K-8-2-7	K-8-2-8	K-8-2-9	K-8-2-10
项目			潜水轴流泵			
			≤2 t	4 t	8 t	12 t
			台	台	台	台
预算定额编号	预算定额名称	预算定额单位	数量			
53-8-2-8	提水设备 安装 1 t 潜水轴流泵	台	0.5000			
53-8-2-9	提水设备 安装 2 t 潜水轴流泵	台	0.5000			
53-8-2-10	提水设备 安装 4 t 潜水轴流泵	台		1.0000		
53-8-2-11	提水设备 安装 8 t 潜水轴流泵	台			1.0000	
53-8-2-12	提水设备 安装 12 t 潜水轴流泵	台				1.0000

工作内容：安装潜水轴流泵。

定额编号				K-8-2-7	K-8-2-8	K-8-2-9	K-8-2-10
项目				潜水轴流泵			
				≤2 t	4 t	8 t	12 t
名称			单位	台	台	台	台
人工	00190106	综合人工(安装)	工日	47.2684	60.0514	81.2767	112.6551
材料	01290301	热轧钢板 中厚板	t	0.0016	0.0016	0.0024	0.0024
	02010101	橡胶板	kg	4.1400	11.2200	13.5600	21.0000
	03130101	电焊条	kg	2.0955	2.2770	3.1020	3.7180
	03152501	镀锌铁丝	kg	1.2000	2.6000	4.0000	4.0000
	05030101	成材	m^3	0.0185	0.0200	0.0450	0.0280
	05031801	枕木	m^3	0.0645	0.0700	0.0913	0.0950
	09350314	铜箔 δ0.04	kg	0.0400	0.0500	0.0500	0.0500
	14030501	煤油	kg	1.8000	2.8000	4.4000	6.0000
	14070101	机油	kg	0.7200	1.1200	1.7600	2.4000
	14090101	黄油	kg	1.0800	1.3600	1.7600	2.0800
	33331911	平斜垫铁 1#	副	7.0000	8.0000	10.0000	12.0000
		其他材料费	%	3.0000	3.0000	3.0000	3.0000
机械	99091470	电动卷扬机单筒慢速 50 kN	台班	1.1700	1.4820	2.5220	2.5220
	99250020	交流弧焊机 32 kVA	台班	0.4191	0.4554	0.6204	0.7436
		其他机械费	%	1.0000	1.0000	1.0000	1.0000

工作内容：安装潜水离心泵。

定额编号			K-8-2-11	K-8-2-12	K-8-2-13	K-8-2-14
项目			潜水离心泵			
			≤2 t	4 t	8 t	12 t
			台	台	台	台
预算定额编号	预算定额名称	预算定额单位	数量			
53-8-2-13	提水设备 安装 1 t 潜水离心泵	台	0.5000			
53-8-2-14	提水设备 安装 2 t 潜水离心泵	台	0.5000			
53-8-2-15	提水设备 安装 4 t 潜水离心泵	台		1.0000		
53-8-2-16	提水设备 安装 8 t 潜水离心泵	台			1.0000	
53-8-2-17	提水设备 安装 12 t 潜水离心泵	台				1.0000

工作内容：安装潜水离心泵。

定额编号				K-8-2-11	K-8-2-12	K-8-2-13	K-8-2-14
项目				潜水离心泵			
				≤2 t	4 t	8 t	12 t
名称			单位	台	台	台	台
人工	00190106	综合人工(安装)	工日	29.2184	46.1427	80.2295	129.4972
材料	01290215	热轧钢板(薄板) δ1.6～1.9	kg	0.1750	0.2600	2.0000	3.0000
	03130101	电焊条	kg	0.3113	0.3100	1.0000	3.2258
	03152510	镀锌铁丝 10#～12#	kg	1.6962	1.7000	3.0000	4.5000
	04010115	水泥 42.5 级	kg	26.5000	34.0000	111.2000	166.8000
	04030102	黄砂	kg	80.4100	102.0000	357.0000	535.5000
	04050203	碎石	kg	93.4150	119.0000	391.0000	586.5000
	05030231	木板	m^3	0.0066	0.0100	0.0100	0.0150
	13050201	铅油	kg	0.3974	0.6200	1.2000	1.8000
	14030501	煤油	kg	3.4129	4.0000	6.0000	9.0000
	14070101	机油	kg	1.1595	1.5500	3.5000	5.2500
	14090101	黄油	kg	0.7482	1.1000	1.8000	2.7000
	14390101	氧气	m^3	0.3850	0.4700	1.5000	2.2500
	14390302	乙炔气	kg	0.1006	0.1600	0.5000	0.7500
	15012807	油浸石棉盘根 6～10 250℃	kg	1.7000	2.2000	3.0000	4.0909
	33331701	平垫铁	kg	4.7649	11.8800	21.7800	35.9300
	33331801	斜垫铁	kg	5.4145	10.0800	20.1600	30.3200
		其他材料费	%	3.0000	3.0000	3.0000	3.0000
机械	99090640	叉式起重机 5 t	台班	0.2785	0.2000	0.3000	0.4500
	99091460	电动卷扬机单筒慢速 30 kN	台班	0.6450	0.2500	2.1000	6.5000
	99250020	交流弧焊机 32 kVA	台班	0.5550	0.1100	0.6000	2.0000
		其他机械费	%	1.0000	1.0000	1.0000	1.0000

第三节　闸门和堰门

工作内容：安装铸铁圆闸门。

定额编号			K-8-3-1	K-8-3-2	K-8-3-3	K-8-3-4
项目			铸铁圆闸门			
			ϕ400	ϕ600	ϕ800	ϕ1000
			座	座	座	座
预算定额编号	预算定额名称	预算定额单位	数量			
53-8-3-1	闸门和堰门 安装铸铁圆闸门 ϕ400	座	1.0000			
53-8-3-2	闸门和堰门 安装铸铁圆闸门 ϕ600	座		1.0000		
53-8-3-3	闸门和堰门 安装铸铁圆闸门 ϕ800	座			1.0000	
53-8-3-4	闸门和堰门 安装铸铁圆闸门 ϕ1000	座				1.0000

工作内容：安装铸铁圆闸门。

定额编号				K-8-3-1	K-8-3-2	K-8-3-3	K-8-3-4
项目				铸铁圆闸门			
				ϕ400	ϕ600	ϕ800	ϕ1000
名称			单位	座	座	座	座
人工	00190106	综合人工(安装)	工日	9.2492	10.2721	12.4108	14.6263
材料	01290301	热轧钢板 中厚板	t	0.0156	0.0156	0.0156	0.0156
	03130101	电焊条	kg	0.1320	0.1320	0.1320	0.2530
	03152501	镀锌铁丝	kg	0.2500	0.2500	0.2500	0.2500
	05030101	成材	m^3	0.0050	0.0060	0.0060	0.0060
	05031801	枕木	m^3	0.0038	0.0050	0.0063	0.0263
	14030501	煤油	kg	0.2700	0.6800	1.1000	1.8000
	14070101	机油	kg	0.1100	0.2700	0.4400	0.7200
	14090101	黄油	kg	0.2400	0.3000	0.5700	0.7700
	14390101	氧气	m^3	0.8140	0.8140	0.8140	0.8140
	14390301	乙炔气	m^3	0.2714	0.2714	0.2837	0.2714
	33331911	平斜垫铁 1#	副	4.0000	4.0000	4.0000	6.0000
		其他材料费	%	3.0000	3.0000	3.0000	3.0000
机械	99090360	汽车式起重机 8 t	台班	0.2535	0.2535	0.7035	1.0725
	99091460	电动卷扬机单筒慢速 30 kN	台班				0.4377
	99250020	交流弧焊机 32 kVA	台班	0.0264	0.0264	0.0264	0.0506
		其他机械费	%	1.0000	1.0000	1.0000	1.0000

工作内容：安装铸铁圆闸门。

定额编号			K-8-3-5	K-8-3-6	K-8-3-7	K-8-3-8
项目			铸铁圆闸门			
			ϕ1200	ϕ1500	ϕ1800	ϕ2000
			座	座	座	座
预算定额编号	预算定额名称	预算定额单位	数量			
53-8-3-5	闸门和堰门 安装铸铁圆闸门 ϕ1200	座	1.0000			
53-8-3-6	闸门和堰门 安装铸铁圆闸门 ϕ1500	座		1.0000		
53-8-3-7	闸门和堰门 安装铸铁圆闸门 ϕ1800	座			1.0000	
53-8-3-8	闸门和堰门 安装铸铁圆闸门 ϕ2000	座				1.0000

工作内容：安装铸铁圆闸门。

定额编号				K-8-3-5	K-8-3-6	K-8-3-7	K-8-3-8
项目				铸铁圆闸门			
				ϕ1200	ϕ1500	ϕ1800	ϕ2000
名称			单位	座	座	座	座
人工	00190106	综合人工(安装)	工日	15.6579	18.0090	20.8291	23.9104
材料	01290301	热轧钢板 中厚板	t	0.0156	0.0300	0.0300	0.0300
	03130101	电焊条	kg	0.2530	1.1550	1.1550	1.1550
	03152501	镀锌铁丝	kg	0.2500	0.2500	0.2500	0.2500
	05030101	成材	m^3	0.0070	0.0070	0.0080	0.0090
	05031801	枕木	m^3	0.0275	0.0300	0.0325	0.0350
	14030501	煤油	kg	2.0300	2.7000	3.0000	3.3000
	14070101	机油	kg	0.8100	1.0800	1.2000	1.3200
	14090101	黄油	kg	0.8100	0.9400	1.0000	1.0600
	14390101	氧气	m^3	0.8140	1.1181	1.1181	1.0165
	14390301	乙炔气	m^3	0.2714	0.3727	0.3727	0.3388
	33331911	平斜垫铁 1#	副	6.0000	6.0000	6.0000	6.0000
		其他材料费	%	3.0000	3.0000	3.0000	3.0000
机械	99090360	汽车式起重机 8 t	台班	1.0725	1.4885	1.7615	2.2295
	99091460	电动卷扬机单筒慢速 30 kN	台班	0.4377			
	99091470	电动卷扬机单筒慢速 50 kN	台班		0.6327	0.7497	0.8450
	99250020	交流弧焊机 32 kVA	台班	0.0506	0.2310	0.2850	0.2850
		其他机械费	%	1.0000	1.0000	1.0000	1.0000

工作内容:安装铸铁方闸门。

定额编号			K-8-3-9	K-8-3-10	K-8-3-11	K-8-3-12
项目			铸铁方闸门			
			500×500	800×800	1000×1000	1200×1200
			座	座	座	座
预算定额编号	预算定额名称	预算定额单位	数量			
53-8-3-9	闸门和堰门 安装铸铁方闸门 500×500	座	1.0000			
53-8-3-10	闸门和堰门 安装铸铁方闸门 800×800	座		1.0000		
53-8-3-11	闸门和堰门 安装铸铁方闸门 1000×1000	座			1.0000	
53-8-3-12	闸门和堰门 安装铸铁方闸门 1200×1200	座				1.0000

工作内容:安装铸铁方闸门。

定额编号				K-8-3-9	K-8-3-10	K-8-3-11	K-8-3-12
项目				铸铁方闸门			
				500×500	800×800	1000×1000	1200×1200
名称			单位	座	座	座	座
人工	00190106	综合人工(安装)	工日	10.5326	10.1129	15.4291	16.9698
材料	03130101	电焊条	kg	0.1320	0.1320	0.2530	0.2530
	03152501	镀锌铁丝	kg	0.2500	0.2500	0.2500	0.2500
	05030101	成材	m^3	0.0060	0.0060	0.0060	0.0070
	05031801	枕木	m^3	0.0050	0.0063	0.0263	0.0275
	14030501	煤油	kg	0.5700	1.3200	2.0400	2.1300
	14070101	机油	kg	0.2300	0.5300	0.8200	0.8500
	14090101	黄油	kg	0.2900	0.5000	0.8100	0.8300
	33331911	平斜垫铁 1#	副	4.0000	4.0000	6.0000	6.0000
		其他材料费	%	3.0000	3.0000	3.0000	3.0000
机械	99090360	汽车式起重机 8 t	台班	0.2535	1.3130	1.5080	1.6315
	99091460	电动卷扬机单筒慢速 30 kN	台班			0.5893	0.6803
	99250020	交流弧焊机 32 kVA	台班	0.0264	0.0264	0.0506	0.0506
		其他机械费	%	1.0000	1.0000	1.0000	1.0000

工作内容：安装铸铁方闸门。

定　额　编　号			K-8-3-13	K-8-3-14	K-8-3-15	K-8-3-16
项　　目			铸铁方闸门			
			1400×1400	1600×1600	1800×1800	2000×2000
			座	座	座	座
预算定额编号	预算定额名称	预算定额单位	数　　量			
53-8-3-13	闸门和堰门 安装铸铁方闸门 1400×1400	座	1.0000			
53-8-3-14	闸门和堰门 安装铸铁方闸门 1600×1600	座		1.0000		
53-8-3-15	闸门和堰门 安装铸铁方闸门 1800×1800	座			1.0000	
53-8-3-16	闸门和堰门 安装铸铁方闸门 2000×2000	座				1.0000

工作内容：安装铸铁方闸门。

定　额　编　号				K-8-3-13	K-8-3-14	K-8-3-15	K-8-3-16
项　　目				铸铁方闸门			
				1400×1400	1600×1600	1800×1800	2000×2000
名　　称			单位	座	座	座	座
人工	00190106	综合人工(安装)	工日	18.0172	21.3517	24.2710	28.1437
材料	03130101	电焊条	kg	0.2530	1.1550	1.1550	1.1550
	03152501	镀锌铁丝	kg	0.2500	0.2500	0.2500	0.2500
	05030101	成材	m^3	0.0070	0.0100	0.0110	0.0120
	05031801	枕木	m^3	0.0338	0.0388	0.0413	0.0438
	14030501	煤油	kg	2.2000	3.3000	3.5300	3.8300
	14070101	机油	kg	0.8800	1.3200	1.4100	1.5300
	14090101	黄油	kg	0.8400	1.0600	1.1100	1.1700
	33331911	平斜垫铁 1#	副	6.0000	6.0000	6.0000	6.0000
		其他材料费	%	3.0000	3.0000	3.0000	3.0000
机械	99090360	汽车式起重机 8 t	台班	1.6315	1.9500	2.2100	3.0420
	99091460	电动卷扬机单筒慢速 30 kN	台班	0.6803			
	99091470	电动卷扬机单筒慢速 50 kN	台班		0.8927	1.0790	1.2610
	99250020	交流弧焊机 32 kVA	台班	0.0506			
	99250030	交流弧焊机 40 kVA	台班		0.2310	0.2310	0.2310
		其他机械费	%	1.0000	1.0000	1.0000	1.0000

工作内容:安装铸铁方闸门。

定额编号			K-8-3-17	K-8-3-18	K-8-3-19	K-8-3-20
项目			铸铁方闸门			
			2200×2200	2400×2400	2800×2800	3200×3200
			座	座	座	座
预算定额编号	预算定额名称	预算定额单位	数量			
53-8-3-17	闸门和堰门 安装铸铁方闸门 2200×2200	座	1.0000			
53-8-3-18	闸门和堰门 安装铸铁方闸门 2400×2400	座		1.0000		
53-8-3-19	闸门和堰门 安装铸铁方闸门 2800×2800	座			1.0000	
53-8-3-20	闸门和堰门 安装铸铁方闸门 3200×3200	座				1.0000

工作内容:安装铸铁方闸门。

定额编号				K-8-3-17	K-8-3-18	K-8-3-19	K-8-3-20
项目				铸铁方闸门			
				2200×2200	2400×2400	2800×2800	3200×3200
名称			单位	座	座	座	座
人工	00190106	综合人工(安装)	工日	34.3537	40.1832	46.5287	52.9727
材料	03130101	电焊条	kg	1.3662	1.3662	1.4542	1.4542
	03152501	镀锌铁丝	kg	0.2500	0.2500	0.2500	0.2500
	05030101	成材	m^3	0.0128	0.0141	0.0155	0.0180
	05031801	枕木	m^3	0.0475	0.0520	0.0567	0.0676
	14030501	煤油	kg	4.3400	4.8080	5.9300	7.5000
	14070101	机油	kg	1.7360	1.9232	2.3720	3.0000
	14090101	黄油	kg	1.2680	1.3616	1.5860	2.4000
	33331911	平斜垫铁 1#	副	6.0000	6.0000	8.0000	8.0000
		其他材料费	%	3.0000	3.0000	3.0000	3.0000
机械	99090360	汽车式起重机 8 t	台班	3.3713	3.9355	5.1095	1.3455
	99090400	汽车式起重机 16 t	台班				2.2500
	99091470	电动卷扬机单筒慢速 50 kN	台班	1.5210	1.8252	2.1905	
	99091480	电动卷扬机单筒慢速 80 kN	台班				1.8252
	99250020	交流弧焊机 32 kVA	台班	0.2732	0.2732	0.3780	0.2904
		其他机械费	%	1.0000	1.0000	1.0000	1.0000

工作内容:1,2. 安装铸铁方闸门。
3,4. 安装铸铁堰门。

定额编号			K-8-3-21	K-8-3-22	K-8-3-23	K-8-3-24
项目			铸铁方闸门		铸铁堰门	
			3600×3600	4000×4000	600×300	800×400
			座	座	座	座
预算定额编号	预算定额名称	预算定额单位	数量			
53-8-3-21	闸门和堰门 安装铸铁方闸门 3600×3600	座	1.0000			
53-8-3-22	闸门和堰门 安装铸铁方闸门 4000×4000	座		1.0000		
53-8-3-23	闸门和堰门 安装铸铁堰门 600×300	座			1.0000	
53-8-3-24	闸门和堰门 安装铸铁堰门 800×400	座				1.0000

工作内容:1,2. 安装铸铁方闸门。
3,4. 安装铸铁堰门。

定额编号				K-8-3-21	K-8-3-22	K-8-3-23	K-8-3-24
项目				铸铁方闸门		铸铁堰门	
				3600×3600	4000×4000	600×300	800×400
名称			单位	座	座	座	座
人工	00190106	综合人工(安装)	工日	65.4284	87.0140	7.6287	8.5281
材料	01290301	热轧钢板 中厚板	t			0.0065	0.0065
	03130101	电焊条	kg	1.5422	1.5422	0.1320	0.1320
	03152501	镀锌铁丝	kg	0.2500	0.2500	2.2500	2.2500
	05030101	成材	m^3	0.0216	0.0278	0.0050	0.0040
	05031801	枕木	m^3	0.0806	0.1301	0.0050	0.0063
	14030501	煤油	kg	9.7000	12.7800	0.5400	0.8800
	14070101	机油	kg	3.8800	5.1120	0.2200	0.3500
	14090101	黄油	kg	2.8400	3.4560	0.2800	0.3300
	14390101	氧气	m^3			0.4730	0.4730
	14390301	乙炔气	m^3			0.1576	0.1576
	33331911	平斜垫铁 1#	副	10.0000	10.0000	4.0000	4.0000
		其他材料费	%	3.0000	3.0000	3.0000	3.0000
机械	99090360	汽车式起重机 8 t	台班	1.2420		0.1267	0.1267
	99090390	汽车式起重机 12 t	台班		1.7890		
	99090400	汽车式起重机 16 t	台班	2.9250	3.5100		
	99091480	电动卷扬机单筒慢速 80 kN	台班	2.1905	3.1547		
	99250020	交流弧焊机 32 kVA	台班	0.3084	0.3084	0.0264	0.0264
		其他机械费	%	1.0000	1.0000	1.0000	1.0000

工作内容:1,2. 安装铸铁堰门。
3,4. 安装钢制调节堰门。

定额编号			K-8-3-25	K-8-3-26	K-8-3-27	K-8-3-28
项目			铸铁堰门		钢制调节堰门	
			1000×500	1200×600	2.5 m	3 m
			座	座	座	座
预算定额编号	预算定额名称	预算定额单位	数量			
53-8-3-25	闸门和堰门 安装铸铁堰门 1000×500	座	1.0000			
53-8-3-26	闸门和堰门 安装铸铁堰门 1200×600	座		1.0000		
53-8-3-27	闸门和堰门 安装钢制调节堰门 2.5 m	套			1.0000	
53-8-3-28	闸门和堰门 安装钢制调节堰门 3 m	套				1.0000

工作内容:1,2. 安装铸铁堰门。
3,4. 安装钢制调节堰门。

定额编号				K-8-3-25	K-8-3-26	K-8-3-27	K-8-3-28
项目				铸铁堰门		钢制调节堰门	
				1000×500	1200×600	2.5 m	3 m
名称			单位	座	座	座	座
人工	00190106	综合人工(安装)	工日	9.8398	11.3056	11.6353	13.6839
材料	01290301	热轧钢板 中厚板	t	0.0085	0.0085		
	03130101	电焊条	kg	0.2530	0.2530	1.3750	1.7930
	03152501	镀锌铁丝	kg	2.2500	2.2500	3.2500	3.2500
	05030101	成材	m^3	0.0040	0.0050	0.0050	0.0060
	05031801	枕木	m^3	0.0075	0.0088	0.0100	0.0125
	14030501	煤油	kg	1.4400	1.6800	0.7200	0.8500
	14070101	机油	kg	0.5800	0.6700	0.2900	0.3400
	14090101	黄油	kg	0.4200	0.4500	0.3100	0.3300
	14390101	氧气	m^3	0.5720	0.5720		
	14390301	乙炔气	m^3	0.1906	0.1906		
	33331911	平斜垫铁 1#	副	6.0000	6.0000	4.0000	4.0000
		其他材料费	%	3.0000	3.0000	3.0000	3.0000
机械	99090360	汽车式起重机 8 t	台班	0.1267	0.1267	0.1267	0.1267
	99090400	汽车式起重机 16 t	台班			0.1950	0.1950
	99250020	交流弧焊机 32 kVA	台班	0.0800	0.0506	0.2750	0.3586
	99250030	交流弧焊机 40 kVA	台班			0.0500	
		其他机械费	%	1.0000	1.0000	1.0000	1.0000

工作内容:1. 安装钢制调节堰门。
2,3,4. 安装螺杆启闭机。

定额编号			K-8-3-29	K-8-3-30	K-8-3-31	K-8-3-32
项目			钢制调节堰门 4 m	手动式螺杆启闭机	手电两用式螺杆启闭机	手电两用式(中型)螺杆启闭器
			座	套	套	台
预算定额编号	预算定额名称	预算定额单位	数量			
53-8-3-29	闸门和堰门 安装钢制调节堰门 4 m	套	1.0000			
53-8-3-30	闸门和堰门 安装螺杆启闭机 手动式	套		1.0000		
53-8-3-31	闸门和堰门 安装螺杆启闭机 手电两用式	套			1.0000	
53-8-3-32	闸门和堰门 安装螺杆启闭器 手电两用式(中型)	台				1.0000

工作内容:1. 安装钢制调节堰门。
2,3,4. 安装螺杆启闭机。

定额编号				K-8-3-29	K-8-3-30	K-8-3-31	K-8-3-32
项目				钢制调节堰门 4 m	手动式螺杆启闭机	手电两用式螺杆启闭机	手电两用式(中型)螺杆启闭器
名称			单位	座	套	套	台
人工	00190106	综合人工(安装)	工日	18.0284	6.6099	11.7682	22.9810
材料	01290301	热轧钢板 中厚板	t		0.0163	0.0322	0.0579
	03130101	电焊条	kg	2.2000	0.3850	0.7040	0.7040
	03152501	镀锌铁丝	kg	3.2500	0.2500	0.2500	0.4500
	05030101	成材	m^3	0.0070	0.0060	0.0070	0.0140
	05031801	枕木	m^3	0.0175	0.0063	0.0100	
	05031811	枕木 2500×200×250	根				0.1600
	14030101	汽油	kg		0.0500	0.1600	
	14030501	煤油	kg	1.0400	0.1800	0.6200	1.1200
	14070101	机油	kg	0.4200	0.0700	0.2500	0.4500
	14090101	黄油	kg	0.3600	0.0300	0.0900	0.1700
	14390101	氧气	m^3		0.4070	0.8140	1.4630
	14390301	乙炔气	m^3		0.1356	0.2714	0.2827
	33331911	平斜垫铁 1#	副	4.0000			
		其他材料费	%	3.0000	3.0000	3.0000	3.0000
机械	99090360	汽车式起重机 8 t	台班	0.2080	0.2535	0.2535	0.4563
	99090400	汽车式起重机 16 t	台班	0.2470			
	99250020	交流弧焊机 32 kVA	台班	0.4400	0.0077	0.1408	0.2530
		其他机械费	%	1.0000	1.0000	1.0000	1.0000

工作内容：安装螺杆启闭机。

定额编号			K-8-3-33
项目			双螺杆式螺杆启闭器
			台
预算定额编号	预算定额名称	预算定额单位	数量
53-8-3-33	闸门和堰门 安装螺杆启闭器 双螺杆式	台	1.0000

工作内容：安装螺杆启闭机。

定额编号				K-8-3-33
项目				双螺杆式螺杆启闭器
名称			单位	台
人工	00190106	综合人工(安装)	工日	35.2663
材料	01290301	热轧钢板 中厚板	t	0.1043
	03130101	电焊条	kg	2.2770
	03152501	镀锌铁丝	kg	0.8100
	05030101	成材	m^3	0.0200
	05031801	枕木	m^3	0.0300
	14030501	煤油	kg	2.0100
	14070101	机油	kg	0.8100
	14090101	黄油	kg	0.3000
	14390101	氧气	m^3	2.6400
	14390301	乙炔气	m^3	0.8800
		其他材料费	%	3.0000
机械	99090360	汽车式起重机 8 t	台班	0.8216
	99250020	交流弧焊机 32 kVA	台班	0.4554
		其他机械费	%	1.0000

第四节　垃圾处理设备

工作内容：安装垃圾压榨机。

定额编号			K-8-4-1	K-8-4-2
项目			垃圾压榨机	
			1 t	2 t
			台	台
预算定额编号	预算定额名称	预算定额单位	数量	
53-8-4-1	垃圾处理设备 安装垃圾压榨机 ≤1 t	台	1.0000	
53-8-4-2	垃圾处理设备 安装垃圾压榨机 ≤2 t	台		1.0000

工作内容：安装垃圾压榨机。

定额编号				K-8-4-1	K-8-4-2
项目				垃圾压榨机	
				1 t	2 t
名称			单位	台	台
人工	00190106	综合人工(安装)	工日	53.7184	61.4296
材料	03130101	电焊条	kg	0.2970	0.2970
	03152501	镀锌铁丝	kg	2.5000	2.5000
	05030101	成材	m^3	0.0140	0.0160
	05031801	枕木	m^3	0.0575	0.0625
	09350314	铜箔 δ0.04	kg	0.0500	0.0500
	14030501	煤油	kg	1.8000	2.2000
	14070101	机油	kg	1.2000	1.8000
	14090101	黄油	kg	1.6000	1.9000
	33331911	平斜垫铁 1#	副	6.0000	8.0000
		其他材料费	%	3.0000	3.0000
机械	99091470	电动卷扬机单筒慢速 50 kN	台班	3.0420	3.5880
	99250020	交流弧焊机 32 kVA	台班	0.0594	0.0594
		其他机械费	%	1.0000	1.0000

工作内容：安装垃圾输送机。

定　额　编　号			K-8-4-3	K-8-4-4
项　　目			垃圾输送机	
			4 m	6 m
			台	台
预算定额编号	预算定额名称	预算定额单位	数　　量	
53-8-4-3	垃圾处理设备 安装垃圾输送机 ≤4 m	台	1.0000	
53-8-4-4	垃圾处理设备 安装垃圾输送机 ≤6 m	台		1.0000

工作内容：安装垃圾输送机。

定　额　编　号				K-8-4-3	K-8-4-4
项　　目				垃圾输送机	
				4 m	6 m
名　　称			单位	台	台
人工	00190106	综合人工(安装)	工日	46.3099	53.4456
材料	03130101	电焊条	kg	0.3740	0.3740
	03152501	镀锌铁丝	kg	2.5000	2.5000
	05030101	成材	m^3	0.0140	0.0140
	05031801	枕木	m^3	0.0613	0.0613
	09350314	铜箔 δ0.04	kg	0.0500	0.0500
	14030501	煤油	kg	3.8000	4.2000
	14070101	机油	kg	0.6300	0.7600
	14090101	黄油	kg	1.9500	2.0500
	33331911	平斜垫铁 1#	副	8.0000	8.0000
		其他材料费	%	3.0000	3.0000
机械	99090360	汽车式起重机 8 t	台班	0.6500	0.8450
	99091470	电动卷扬机单筒慢速 50 kN	台班	1.9890	2.2165
	99250020	交流弧焊机 32 kVA	台班	0.0748	0.0748
		其他机械费	%	1.0000	1.0000

工作内容:安装垃圾打包机。

定　额　编　号			K-8-4-5	K-8-4-6
项　　目			垃圾打包机	
			0.5 t	1 t
			台	台
预算定额编号	预算定额名称	预算定额单位	数　　量	
53-8-4-5	垃圾处理设备 安装垃圾打包机 0.5 t	台	1.0000	
53-8-4-6	垃圾处理设备 安装垃圾打包机 1 t	台		1.0000

工作内容:安装垃圾打包机。

定　额　编　号				K-8-4-5	K-8-4-6
项　　目				垃圾打包机	
				0.5 t	1 t
名　　称			单位	台	台
人工	00190106	综合人工(安装)	工日	53.0198	73.3734
材料	03152501	镀锌铁丝	kg	4.2000	4.2000
	05030101	成材	m^3	0.0140	0.0140
	05031801	枕木	m^3	0.0563	0.0563
	09350314	铜箔 δ0.04	kg	0.0500	0.0500
	14030501	煤油	kg	0.2640	0.3960
	14070101	机油	kg	1.9500	2.1000
	14090101	黄油	kg	6.0000	8.0000
	33331911	平斜垫铁 1#	副	8.0000	8.0000
		其他材料费	%	2.0000	3.0000
机械	99090360	汽车式起重机 8 t	台班	0.7215	1.2545
	99091470	电动卷扬机单筒慢速 50 kN	台班	1.7712	2.4212
	99250020	交流弧焊机 32 kVA	台班	0.0528	0.0792
		其他机械费	%	1.0000	1.0000

第五节 水泵管配件及活便门等

工作内容：安装铸铁活便门。

定额编号			K-8-5-1	K-8-5-2	K-8-5-3	K-8-5-4
项目			铸铁活便门			
			ϕ500	ϕ700	ϕ900	ϕ1200
			座	座	座	座
预算定额编号	预算定额名称	预算定额单位	数量			
53-8-5-1	水泵管配件及活便门 安装铸铁活便门 ϕ500	座	1.0000			
53-8-5-2	水泵管配件及活便门 安装铸铁活便门 ϕ700	座		1.0000		
53-8-5-3	水泵管配件及活便门 安装铸铁活便门 ϕ900	座			1.0000	
53-8-5-4	水泵管配件及活便门 安装铸铁活便门 ϕ1200	座				1.0000

工作内容：安装铸铁活便门。

定额编号				K-8-5-1	K-8-5-2	K-8-5-3	K-8-5-4
项目				铸铁活便门			
				ϕ500	ϕ700	ϕ900	ϕ1200
名称			单位	座	座	座	座
人工	00190106	综合人工(安装)	工日	9.0582	11.2634	11.5211	13.7740
材料	02010101	橡胶板	kg	1.7600	2.2000	2.8000	3.3600
	02230401	炭精棒	kg	0.1100	0.1360	0.1500	0.1600
	03013827	六角螺栓连母垫 M22×120	套	14.2800	18.3600		
	03013828	六角螺栓连母垫 M24×100	套			24.4800	
	03013829	六角螺栓连母垫 M27×140	套				34.6800
	03152501	镀锌铁丝	kg	1.5400	1.9200	2.4000	2.8800
	05031801	枕木	m^3	0.0100	0.0125	0.0125	0.0150
	14090101	黄油	kg	0.3000	0.3900	0.4800	0.5700
	14210101	环氧树脂	kg	0.0200	0.0200	0.0200	0.0240
		其他材料费	%	3.0000	3.0000	3.0000	3.0000
机械	99090360	汽车式起重机 8 t	台班	0.0800	0.1000	0.1000	0.1200
	99091470	电动卷扬机单筒慢速 50 kN	台班	0.3000	0.3000	0.3000	0.3000
	99250020	交流弧焊机 32 kVA	台班	0.0420	0.0420	0.0420	0.0420
		其他机械费	%	1.0000	1.0000	1.0000	1.0000

工作内容:1. 安装铸铁活便门。
2,3. 安装铸铁压力井座盖。

定　额　编　号			K-8-5-5	K-8-5-6	K-8-5-7
项　　目			铸铁活便门	铸铁压力井座盖	
			ϕ1500	≤1 m^2	>1 m^2
			座	台	台
预算定额编号	预算定额名称	预算定额单位	数　量		
53-8-5-5	水泵管配件及活便门 安装铸铁活便门 ϕ1500	座	1.0000		
53-8-5-36	水泵管配件及活便门 安装铸铁压力井座盖 1 m^2 以内	台		1.0000	
53-8-5-37	水泵管配件及活便门 安装铸铁压力井座盖 1 m^2 以外	台			1.0000

工作内容:1. 安装铸铁活便门。
2,3. 安装铸铁压力井座盖。

定　额　编　号				K-8-5-5	K-8-5-6	K-8-5-7
项　　目				铸铁活便门	铸铁压力井座盖	
				ϕ1500	≤1 m^2	>1 m^2
名　　称			单位	座	台	台
人工	00190106	综合人工(安装)	工日	16.4945	27.5505	28.7477
材料	01290301	热轧钢板 中厚板	t		0.0025	0.0025
	02010101	橡胶板	kg	4.0300		
	02230401	炭精棒	kg	0.1900		
	03013829	六角螺栓连母垫 M27×140	套	48.9600		
	03130101	电焊条	kg		0.9900	1.4300
	03152501	镀锌铁丝	kg	3.4600	2.5000	2.5000
	05030101	成材	m^3		0.0110	0.0110
	05031801	枕木	m^3	0.0175	0.0400	0.0400
	09350314	铜箔 δ0.04	kg		0.1000	0.1000
	14030501	煤油	kg		1.8000	2.0000
	14070101	机油	kg		0.4000	0.6000
	14090101	黄油	kg	0.6900	1.1000	1.2000
	14210101	环氧树脂	kg	0.0290		
	14390101	氧气	m^3		2.3100	3.2890
	14390301	乙炔气	m^3		0.6987	0.9967
		其他材料费	%	3.0000	3.0000	3.0000
机械	99090360	汽车式起重机 8 t	台班	0.1400		
	99091470	电动卷扬机单筒慢速 50 kN	台班	0.3000	0.8190	0.9782
	99250020	交流弧焊机 32 kVA	台班	0.0420	0.1980	0.2860
		其他机械费	%	1.0000	1.0000	1.0000

工作内容：安装玻璃钢圆形拍门。

定额编号			K-8-5-8	K-8-5-9	K-8-5-10	K-8-5-11
项目			玻璃钢圆形拍门			
			DN300	DN600	DN900	DN1200
			座	座	座	座
预算定额编号	预算定额名称	预算定额单位	数量			
53-8-5-38	水泵管配件及活便门 玻璃钢圆形拍门 DN300	座	1.0000			
53-8-5-39	水泵管配件及活便门 玻璃钢圆形拍门 DN600	座		1.0000		
53-8-5-40	水泵管配件及活便门 玻璃钢圆形拍门 DN900	座			1.0000	
53-8-5-41	水泵管配件及活便门 玻璃钢圆形拍门 DN1200	座				1.0000

工作内容：安装玻璃钢圆形拍门。

定额编号				K-8-5-8	K-8-5-9	K-8-5-10	K-8-5-11
项目				玻璃钢圆形拍门			
				DN300	DN600	DN900	DN1200
名称			单位	座	座	座	座
人工	00190106	综合人工(安装)	工日	2.4900	3.4700	5.6900	6.8800
材料	02010173	石棉橡胶板 低中压 δ0.8～6	kg	0.2120	0.4450	0.6890	0.7740
	03130101	电焊条	kg	0.0910	0.0910	0.0910	0.1610
机械	99070550	载重汽车 8 t	台班	0.0070	0.0250	0.0440	0.0780
	99090360	汽车式起重机 8 t	台班	0.0550	0.0900	0.2140	0.3460
	99250020	交流弧焊机 32 kVA	台班	0.0480	0.1300	0.1300	0.2260
		其他机械费	%	1.0000	1.0000	1.0000	1.0000

工作内容：安装玻璃钢圆形拍门。

定额编号			K-8-5-12	K-8-5-13
项目			玻璃钢圆形拍门	
			DN1500	DN1500 以外
			座	座
预算定额编号	预算定额名称	预算定额单位	数量	
53-8-5-42	水泵管配件及活便门 玻璃钢圆形拍门 DN1500	座	1.0000	
53-8-5-43	水泵管配件及活便门 玻璃钢圆形拍门 DN1500 以外	座		1.0000

工作内容：安装玻璃钢圆形拍门。

定额编号				K-8-5-12	K-8-5-13
项目				玻璃钢圆形拍门	
				DN1500	DN1500 以外
名称			单位	座	座
人工	00190106	综合人工(安装)	工日	7.8300	8.6130
材料	02010173	石棉橡胶板 低中压 δ0.8～6	kg	1.4450	1.1450
	03130101	电焊条	kg	0.1610	0.1610
机械	99070550	载重汽车 8 t	台班	0.0890	0.1420
	99090360	汽车式起重机 8 t	台班	0.3950	0.6320
	99250020	交流弧焊机 32 kVA	台班	0.2260	0.3610
		其他机械费	%	1.0000	1.0000

工作内容:安装铸铁圆形拍门。

定额编号			K-8-5-14	K-8-5-15	K-8-5-16	K-8-5-17
项目			铸铁圆形拍门			
			DN300	DN600	DN900	DN1200
			座	座	座	座
预算定额编号	预算定额名称	预算定额单位	数量			
53-8-5-44	水泵管配件及活便门 铸铁圆形拍门 DN300	座	1.0000			
53-8-5-45	水泵管配件及活便门 铸铁圆形拍门 DN600	座		1.0000		
53-8-5-46	水泵管配件及活便门 铸铁圆形拍门 DN900	座			1.0000	
53-8-5-47	水泵管配件及活便门 铸铁圆形拍门 DN1200	座				1.0000

工作内容:安装铸铁圆形拍门。

定额编号				K-8-5-14	K-8-5-15	K-8-5-16	K-8-5-17
项目				铸铁圆形拍门			
				DN300	DN600	DN900	DN1200
名称			单位	座	座	座	座
人工	00190106	综合人工(安装)	工日	2.7390	3.8170	7.1390	7.5680
材料	02010173	石棉橡胶板 低中压 δ0.8～6	kg	0.4450	0.4450	0.0910	0.7740
	03130101	电焊条	kg	0.0910	0.0910	0.6890	0.1610
机械	99070550	载重汽车 8 t	台班	0.0080	0.0310	0.0700	0.1240
	99090360	汽车式起重机 8 t	台班	0.0630	0.2010	0.3420	0.5530
	99250020	交流弧焊机 32 kVA	台班	0.1300	0.2100	0.2100	0.3610
		其他机械费	%	1.0000	1.0000	1.0000	1.0000

工作内容:安装铸铁圆形拍门。

定　额　编　号			K-8-5-18	K-8-5-19
项　　目			铸铁圆形拍门	
			DN1500	DN1500 以外
			座	座
预算定额编号	预算定额名称	预算定额单位	数　　量	
53-8-5-48	水泵管配件及活便门 铸铁圆形拍门 DN1500	座	1.0000	
53-8-5-49	水泵管配件及活便门 铸铁圆形拍门 DN1500 以外	座		1.0000

工作内容:安装铸铁圆形拍门。

定　额　编　号				K-8-5-18	K-8-5-19
项　　目				铸铁圆形拍门	
				DN1500	DN1500 以外
名　　称			单位	座	座
人工	00190106	综合人工(安装)	工日	8.6130	10.4500
材料	02010173	石棉橡胶板 低中压 δ0.8～6	kg	1.1450	1.2990
	03130101	电焊条	kg	0.1610	0.1610
机械	99070550	载重汽车 8 t	台班	0.1420	0.1660
	99090360	汽车式起重机 8 t	台班	0.6320	0.7040
	99250020	交流弧焊机 32 kVA	台班	0.3610	0.3610
		其他机械费	%	1.0000	1.0000

工作内容:安装碳钢圆形拍门。

定额编号			K-8-5-20	K-8-5-21	K-8-5-22	K-8-5-23
项目			碳钢圆形拍门			
			DN300	DN600	DN900	DN1200
			座	座	座	座
预算定额编号	预算定额名称	预算定额单位	数量			
53-8-5-50	水泵管配件及活便门 碳钢圆形拍门 DN300	座	1.0000			
53-8-5-51	水泵管配件及活便门 碳钢圆形拍门 DN600	座		1.0000		
53-8-5-52	水泵管配件及活便门 碳钢圆形拍门 DN900	座			1.0000	
53-8-5-53	水泵管配件及活便门 碳钢圆形拍门 DN1200	座				1.0000

工作内容:安装碳钢圆形拍门。

定额编号				K-8-5-20	K-8-5-21	K-8-5-22	K-8-5-23
项目				碳钢圆形拍门			
				DN300	DN600	DN900	DN1200
名称			单位	座	座	座	座
人工	00190106	综合人工(安装)	工日	2.7390	3.8170	7.1390	7.5680
材料	02010173	石棉橡胶板 低中压 δ0.8～6	kg	0.4450	0.4450	0.6890	0.7740
	03130101	电焊条	kg	0.0910	0.0910	0.0910	0.1610
机械	99070550	载重汽车 8 t	台班		0.0310	0.0700	0.1240
	99090360	汽车式起重机 8 t	台班		0.2010	0.3420	0.5530
	99250020	交流弧焊机 32 kVA	台班		0.2100	0.2100	0.3610
		其他机械费	%	1.0000	1.0000	1.0000	1.0000

工作内容：安装碳钢圆形拍门。

定额编号			K-8-5-24	K-8-5-25
项目			碳钢圆形拍门	
			DN1500	DN1500 以外
			座	座
预算定额编号	预算定额名称	预算定额单位	数量	
53-8-5-54	水泵管配件及活便门 碳钢圆形拍门 DN1500	座	1.0000	
53-8-5-55	水泵管配件及活便门 碳钢圆形拍门 DN1500 以外	座		1.0000

工作内容：安装碳钢圆形拍门。

定额编号				K-8-5-24	K-8-5-25
项目				碳钢圆形拍门	
				DN1500	DN1500 以外
名称			单位	座	座
人工	00190106	综合人工(安装)	工日	8.6130	10.4500
材料	02010173	石棉橡胶板 低中压 δ0.8～6	kg	1.1450	1.2990
	03130101	电焊条	kg	0.1610	0.1610
机械	99070550	载重汽车 8 t	台班	0.1420	0.1660
	99090360	汽车式起重机 8 t	台班	0.6320	0.7040
	99250020	交流弧焊机 32 kVA	台班	0.3610	0.3610
		其他机械费	%	1.0000	1.0000

工作内容:安装不锈钢圆形拍门。

定额编号			K-8-5-26	K-8-5-27	K-8-5-28	K-8-5-29
项目			不锈钢圆形拍门			
			DN300	DN600	DN900	DN1200
			座	座	座	座
预算定额编号	预算定额名称	预算定额单位	数量			
53-8-5-56	水泵管配件及活便门 不锈钢圆形拍门 DN300	座	1.0000			
53-8-5-57	水泵管配件及活便门 不锈钢圆形拍门 DN600	座		1.0000		
53-8-5-58	水泵管配件及活便门 不锈钢圆形拍门 DN900	座			1.0000	
53-8-5-59	水泵管配件及活便门 不锈钢圆形拍门 DN1200	座				1.0000

工作内容:安装不锈钢圆形拍门。

定额编号				K-8-5-26	K-8-5-27	K-8-5-28	K-8-5-29
项目				不锈钢圆形拍门			
				DN300	DN600	DN900	DN1200
名称			单位	座	座	座	座
人工	00190106	综合人工(安装)	工日	2.7390	3.8170	7.1390	7.5680
材料	02010173	石棉橡胶板 低中压 δ0.8～6	kg	0.4450	0.4450	0.4450	0.7740
	03130201	不锈钢电焊条	kg	0.0910	0.0910	0.0910	0.1610
机械	99070550	载重汽车 8 t	台班	0.0150	0.0310	0.0700	0.1240
	99090360	汽车式起重机 8 t	台班	0.1000	0.2010	0.3420	0.5530
	99250150	直流弧焊机 32 kVA	台班	0.2100	0.2100	0.2100	0.3610
		其他机械费	%	1.0000	1.0000	1.0000	1.0000

工作内容：安装不锈钢圆形拍门。

定　额　编　号			K-8-5-30	K-8-5-31
项　目			不锈钢圆形拍门	
			DN1500	DN1500 以外
			座	座
预算定额编号	预算定额名称	预算定额单位	数　量	
53-8-5-60	水泵管配件及活便门 不锈钢圆形拍门 DN1500	座	1.0000	
53-8-5-61	水泵管配件及活便门 不锈钢圆形拍门 DN1500 以外	座		1.0000

工作内容：安装不锈钢圆形拍门。

定　额　编　号				K-8-5-30	K-8-5-31
项　目				不锈钢圆形拍门	
				DN1500	DN1500 以外
名　称			单位	座	座
人工	00190106	综合人工(安装)	工日	8.6130	10.4500
材料	02010173	石棉橡胶板 低中压 δ0.8～6	kg	1.1450	1.2990
	03130201	不锈钢电焊条	kg	0.1610	0.1610
机械	99070550	载重汽车 8 t	台班	0.1420	0.1660
	99090360	汽车式起重机 8 t	台班	0.6320	0.7040
	99250150	直流弧焊机 32 kVA	台班	0.3610	0.3610
		其他机械费	%	1.0000	1.0000

第六节　处理臭气设备

工作内容：安装高能光量子除臭设备。

定额编号			K-8-6-1	K-8-6-2	K-8-6-3	K-8-6-4
项目			高能光量子除臭设备			
			风量 4000 m^3 及以内	风量 6000 m^3 及以内	风量 8000 m^3 及以内	风量 10000 m^3 及以内
			台	台	台	台
预算定额编号	预算定额名称	预算定额单位	数量			
53-8-6-1	处理臭气设备 高能光量子除臭设备风量 2000 m^3 及以内	台	0.5000			
53-8-6-2	处理臭气设备 高能光量子除臭设备风量 4000 m^3 及以内	台	0.5000			
53-8-6-3	处理臭气设备 高能光量子除臭设备风量 6000 m^3 及以内	台		1.0000		
53-8-6-4	处理臭气设备 高能光量子除臭设备风量 8000 m^3 及以内	台			1.0000	
53-8-6-5	处理臭气设备 高能光量子除臭设备风量 10000 m^3 及以内	台				1.0000

工作内容：安装高能光量子除臭设备。

定额编号				K-8-6-1	K-8-6-2	K-8-6-3	K-8-6-4
项目				高能光量子除臭设备			
				风量 4000 m^3 及以内	风量 6000 m^3 及以内	风量 8000 m^3 及以内	风量 10000 m^3 及以内
名称			单位	台	台	台	台
人工	00190106	综合人工(安装)	工日	17.5000	20.2000	22.0000	27.0000
材料	02070421	耐油橡胶垫 δ3～6	kg	2.6000	3.0600	3.3600	6.1300
	03130101	电焊条	kg	3.4500	4.0500	4.4500	4.8500
	05031801	枕木	m^3	0.0650	0.0800	0.0900	0.1100
	14070101	机油	kg	0.1300	0.1500	0.1700	0.2000
	14314401	二硫化钼	kg	0.3300	0.3900	0.4300	1.7900
	14390101	氧气	m^3	0.6050	0.7100	0.7700	0.8400
	14390301	乙炔气	m^3	0.2050	0.2400	0.2500	0.2400
	33331701	平垫铁	kg	8.6150	10.1400	11.1500	15.9900
	33331801	斜垫铁	kg	12.9350	15.2200	16.7400	23.9900
机械	99070540	载重汽车 6 t	台班	0.1500	0.1800	0.2000	0.2500
	99090360	汽车式起重机 8 t	台班	0.5150	0.6100	0.6700	0.7000
	99090400	汽车式起重机 16 t	台班				0.3500
	99091460	电动卷扬机单筒慢速 30 kN	台班	0.4250	0.5000	0.5500	0.7700
	99250020	交流弧焊机 32 kW	台班	0.6900	0.8100	0.8900	0.9700
		其他机械费	%	0.9900	0.9900	0.9900	0.9900

工作内容：安装高能光量子除臭设备。

定　额　编　号			K-8-6-5
项　　目			高能光量子除臭设备
			风量 10000 m³ 以外
			台
预算定额编号	预算定额名称	预算定额单位	数　　量
53-8-6-6	处理臭气设备 高能光量子除臭设备风量 10000 m³ 及以外	台	1.0000

工作内容：安装高能光量子除臭设备。

定　额　编　号				K-8-6-5
项　　目				高能光量子除臭设备
				风量 10000 m³ 以外
名　　称			单位	台
人工	00190106	综合人工(安装)	工日	31.0000
材料	02070421	耐油橡胶垫 δ3～6	kg	6.7400
	03130101	电焊条	kg	5.2500
	05031801	枕木	m³	0.1200
	14070101	机油	kg	0.2200
	14314401	二硫化钼	kg	1.9700
	14390101	氧气	m³	0.9100
	14390301	乙炔气	m³	0.2500
	33331701	平垫铁	kg	17.5900
	33331801	斜垫铁	kg	26.3900
机械	99070540	载重汽车 6 t	台班	0.2800
	99090360	汽车式起重机 8 t	台班	0.7700
	99090400	汽车式起重机 16 t	台班	0.3900
	99091460	电动卷扬机单筒慢速 30 kN	台班	0.8500
	99250020	交流弧焊机 32 kW	台班	1.0500
		其他机械费	%	0.9900

第七节 雨水调蓄池冲洗设备

工作内容:安装水力冲洗翻斗。

定额编号			K-8-7-1	K-8-7-2	K-8-7-3
项目			水力冲洗翻斗		
			冲洗水量 5 m^3 及以内	冲洗水量 8 m^3 及以内	冲洗水量 8 m^3 以外
			台	台	台
预算定额编号	预算定额名称	预算定额单位	数量		
53-8-7-1	雨水调蓄池冲洗设备 冲洗水量 5 m^3 及以内	台	1.0000		
53-8-7-2	雨水调蓄池冲洗设备 冲洗水量 8 m^3 及以内	台		1.0000	
53-8-7-3	雨水调蓄池冲洗设备 冲洗水量 8 m^3 及以外	台			1.0000

工作内容:安装水力冲洗翻斗。

定额编号				K-8-7-1	K-8-7-2	K-8-7-3
项目				水力冲洗翻斗		
				冲洗水量 5 m^3 及以内	冲洗水量 8 m^3 及以内	冲洗水量 8 m^3 以外
名称			单位	台	台	台
人工	00190106	综合人工(安装)	工日	26.0000	45.0000	49.0000
材料	01290315	热轧钢板(中厚板) δ4.5～10	kg	8.6800	15.1600	17.3600
	02010173	石棉橡胶板 低中压 δ0.8～6	kg	1.3600	1.5900	1.5900
	03014660	精制六角螺栓连母垫 M12～16×60～90	套	14.5900	20.0600	25.5200
	03130101	电焊条	kg	1.8800	3.1300	3.5000
	03160201	铁件	kg	0.2600	0.4600	0.5200
	05031801	枕木	m^3	0.0700	0.1200	0.1400
	14390101	氧气	m^3	1.6300	2.6300	2.8500
	14390301	乙炔气	m^3	0.5400	0.8800	0.9500
	17070142	无缝钢管 φ57×3.5	m	3.6500	3.6500	3.6500
	18031411	钢制压制弯头 DN50	只	0.0900	0.0900	0.0900
	19030324	法兰闸阀(Z41H-16) DN50	只	0.0500	0.0500	0.0500
	20010417	平焊法兰 PN1.6 DN50	副	0.0500	0.0500	0.0500
	20210110	盲板 中低压	kg	4.3700	6.9100	7.4400
	33331701	平垫铁	kg	13.4400	23.5200	26.8800
	34110101	水	m^3	6.5900	12.7200	12.7200
机械	99070540	载重汽车 6 t	台班	0.0800	0.1300	0.1500
	99090360	汽车式起重机 8 t	台班	0.7500	1.3100	1.4900
	99091470	电动卷扬机单筒慢速 50 kN	台班	0.3000	0.5300	0.6000
	99250020	交流弧焊机 32 kVA	台班	0.9400	1.5700	1.7500
	99430300	内燃空气压缩机 9 m^3/min	台班	0.0200	0.0300	0.0300
	99440010	电动单级离心清水泵 φ50	台班	0.0700	0.1400	0.1400
	99440490	试压泵 60MPa	台班	0.3900	0.5000	0.5000
		其他机械费	%	7.7600	7.9800	8.1000

第八节　搅拌设备

工作内容：安装潜水搅拌机。

定　额　编　号			K-8-8-1	K-8-8-2
项　　目			潜水搅拌机	
			叶轮≤500 mm	叶轮≤1000 mm
			台	台
预算定额编号	预算定额名称	预算定额单位	数　　量	
53-8-8-1	搅拌设备 潜水搅拌机 叶轮≤500 mm	台	1.0000	
53-8-8-2	搅拌设备 潜水搅拌机 叶轮≤1000 mm	台		1.0000

工作内容：安装潜水搅拌机。

定　额　编　号				K-8-8-1	K-8-8-2
项　　目				潜水搅拌机	
				叶轮≤500 mm	叶轮≤1000 mm
名　　称			单位	台	台
人工	00190106	综合人工(安装)	工日	43.7515	59.1166
材料	01290301	热轧钢板 中厚板	t	0.0020	0.0020
	03130101	电焊条	kg	0.4400	0.8800
	03152501	镀锌铁丝	kg	2.7500	3.0000
	05030101	成材	m^3	0.0160	0.0240
	05031801	枕木	m^3	0.0625	0.0775
	09350314	铜箔 δ0.04	kg	0.0500	0.0500
	14030501	煤油	kg	2.0000	2.2000
	14070101	机油	kg	0.8000	1.0000
	14090101	黄油	kg	1.2000	1.5000
	33331911	平斜垫铁 1#	副	3.0000	6.0000
		其他材料费	%	3.0000	3.0000
机械	99091470	电动卷扬机单筒慢速 50 kN	台班	0.9750	1.2350
	99250020	交流弧焊机 32 kVA	台班	0.0880	0.1760
		其他机械费	%	1.0000	1.0000

第九节 曝气设备

工作内容:安装曝气器。

定额编号			K-8-9-1	K-8-9-2	K-8-9-3	K-8-9-4
项目			管式微孔曝气器 直径 100 mm 以内	盘式(球形、钟罩、平板)曝气器	旋流混合扩散曝气器	陶瓷、钛板曝气器
			个	个	个	个
预算定额编号	预算定额名称	预算定额单位	数量			
53-8-9-1	曝气设备 管式微孔曝气器 直径 100 mm 以内	个	1.0000			
53-8-9-2	曝气设备 盘式(球形、钟罩、平板)曝气器	个		1.0000		
53-8-9-3	曝气设备 旋流混合扩散曝气器	个			1.0000	
53-8-9-4	曝气设备 陶瓷、钛板曝气器	个				1.0000

工作内容:安装曝气器。

定额编号				K-8-9-1	K-8-9-2	K-8-9-3	K-8-9-4
项目				管式微孔曝气器 直径 100 mm 以内	盘式(球形、钟罩、平板)曝气器	旋流混合扩散曝气器	陶瓷、钛板曝气器
名称			单位	个	个	个	个
人工	00190106	综合人工(安装)	工日	0.0980	0.0780	0.0760	0.0850
材料	18191011	滤帽	个	1.0100	1.0100	1.0100	1.0100
		其他材料费	%	3.0000	3.0000	3.0000	3.0000

工作内容：安装长(短)柄滤头。

定额编号			K-8-9-5
项目			长(短)柄滤头
			个
预算定额编号	预算定额名称	预算定额单位	数量
53-8-9-5	曝气设备 长(短)柄滤头	个	1.0000

工作内容：安装长(短)柄滤头。

定额编号				K-8-9-5
项目				长(短)柄滤头
名称			单位	个
人工	00190106	综合人工(安装)	工日	0.0270
材料	18191011	滤帽	个	1.0100
		其他材料费	%	3.0000

工作内容:安装卧式表面曝气机。

定额编号			K-8-9-6	K-8-9-7
项目			卧式表面曝气机	
			ϕ1500	ϕ1930
			台	台
预算定额编号	预算定额名称	预算定额单位	数量	
53-8-9-6	曝气设备 安装卧式表面曝气机 ϕ1500	台	1.0000	
53-8-9-7	曝气设备 安装卧式表面曝气机 ϕ1930	台		1.0000

工作内容:安装卧式表面曝气机。

定额编号				K-8-9-6	K-8-9-7
项目				卧式表面曝气机	
				ϕ1500	ϕ1930
名称			单位	台	台
人工	00190106	综合人工(安装)	工日	54.3541	71.5902
材料	03130101	电焊条	kg	0.3740	0.3740
	03152501	镀锌铁丝	kg	2.5000	3.5000
	05030101	成材	m^3	0.0140	0.0170
	05031801	枕木	m^3	0.0563	0.0663
	09350314	铜箔 δ0.04	kg	0.0500	0.0700
	14030101	汽油	kg	0.7800	0.8800
	14030501	煤油	kg	4.7500	5.7500
	14070101	机油	kg	1.9000	2.3000
	14090101	黄油	kg	2.0500	2.2500
	33331912	平斜垫铁 $2^{\#}$	副	8.0000	8.0000
		其他材料费	%	3.0000	3.0000
机械	99090360	汽车式起重机 8 t	台班	0.9100	1.3260
	99091470	电动卷扬机单筒慢速 50 kN	台班	2.6065	3.7180
	99250020	交流弧焊机 32 kVA	台班	0.0748	0.0748
		其他机械费	%	1.0000	1.0000

工作内容:安装曝气管。

定　额　编　号			K-8-9-8
项　　目			曝气管
			组
预算定额编号	预算定额名称	预算定额单位	数　　量
53-8-9-8	曝气设备 安装曝气管	组	1.0000

工作内容:安装曝气管。

定　额　编　号				K-8-9-8
项　　目				曝气管
名　　称			单位	组
人工	00190106	综合人工(安装)	工日	2.3765
材料	02010713	石棉橡胶板 $\delta3$	kg	0.1989
	02290901	油浸麻丝	kg	0.0090
	03152501	镀锌铁丝	kg	0.1200
	05030101	成材	m^3	0.0022
	05031801	枕木	m^3	0.0038
	14070101	机油	kg	0.0600
	14090101	黄油	kg	0.0380
	33331911	平斜垫铁 1#	副	4.0000
		其他材料费	%	3.0000
机械	99090360	汽车式起重机 8 t	台班	0.1014
		其他机械费	%	1.0000

第十节　沉淀池排泥设备

工作内容：安装垂架式中心传动刮泥机。

定额编号			K-8-10-1	K-8-10-2	K-8-10-3
项目			垂架式中心传动刮泥机		
			池径 22 m	池径 30 m	池径 40 m
			台	台	台
预算定额编号	预算定额名称	预算定额单位	数量		
53-8-10-1	沉淀池排泥设备 安装垂架式中心传动刮泥机 池径 22 m	台	1.0000		
53-8-10-2	沉淀池排泥设备 安装垂架式中心传动刮泥机 池径 30 m	台		1.0000	
53-8-10-3	沉淀池排泥设备 安装垂架式中心传动刮泥机 池径 40 m	台			1.0000

工作内容：安装垂架式中心传动刮泥机。

定额编号				K-8-10-1	K-8-10-2	K-8-10-3
项目				垂架式中心传动刮泥机		
				池径 22 m	池径 30 m	池径 40 m
名称			单位	台	台	台
人工	00190106	综合人工(安装)	工日	126.9472	146.6213	167.4089
材料	01290301	热轧钢板 中厚板	t	0.0412	0.0412	0.0412
	03130101	电焊条	kg	14.1680	16.3900	18.5020
	03150501	骑马钉	kg	1.8000	1.8000	1.8000
	03152501	镀锌铁丝	kg	7.1000	7.1000	7.1000
	05030101	成材	m^3	0.0460	0.0500	0.0580
	05031801	枕木	m^3	0.2663	0.2813	0.3063
	09350314	铜箔 δ0.04	kg	0.0600	0.0600	0.0600
	14030101	汽油	kg	1.0500	1.1500	1.3500
	14030501	煤油	kg	7.5000	8.5000	10.5000
	14070101	机油	kg	3.0000	3.4000	4.2000
	14090101	黄油	kg	2.3400	2.5400	2.9400
	14390101	氧气	m^3	1.7600	1.7600	1.7600
	14390301	乙炔气	m^3	0.5863	0.6454	0.5863
		其他材料费	%	3.0000	3.0000	3.0000
机械	99090360	汽车式起重机 8 t	台班	3.8076	4.6692	6.1846
	99090400	汽车式起重机 16 t	台班	1.3692	1.7385	1.9690
	99090450	汽车式起重机 40 t	台班	1.0000	1.0000	1.0000
	99091470	电动卷扬机单筒慢速 50 kN	台班	2.5935	2.7332	2.8730
	99250020	交流弧焊机 32 kVA	台班	2.8336	3.2780	3.7004
		其他机械费	%	1.0000	1.0000	1.0000

工作内容：安装垂架式中心传动吸泥机。

定额编号			K-8-10-4	K-8-10-5	K-8-10-6
项目			垂架式中心传动吸泥机		
			池径 22 m	池径 30 m	池径 40 m
			台	台	台
预算定额编号	预算定额名称	预算定额单位	数量		
53-8-10-4	沉淀池排泥设备 安装垂架式中心传动吸泥机 池径 22 m	台	1.0000		
53-8-10-5	沉淀池排泥设备 安装垂架式中心传动吸泥机 池径 30 m	台		1.0000	
53-8-10-6	沉淀池排泥设备 安装垂架式中心传动吸泥机 池径 40 m	台			1.0000

工作内容：安装垂架式中心传动吸泥机。

定额编号				K-8-10-4	K-8-10-5	K-8-10-6
项目				垂架式中心传动吸泥机		
				池径 22 m	池径 30 m	池径 40 m
名称			单位	台	台	台
人工	00190106	综合人工(安装)	工日	151.0263	172.4968	198.6469
材料	01290301	热轧钢板 中厚板	t	0.0412	0.0412	0.0412
	03130101	电焊条	kg	19.6240	22.9350	31.0860
	03130201	不锈钢焊条	kg	0.3300	0.4290	0.5060
	03150501	骑马钉	kg	2.4000	2.4000	2.4000
	03152501	镀锌铁丝	kg	7.1000	7.1000	7.1000
	05030101	成材	m^3	0.0520	0.0600	0.0670
	05031801	枕木	m^3	0.3250	0.3500	0.3750
	09350314	铜箔 δ0.04	kg	0.0600	0.0600	0.0600
	14030101	汽油	kg	1.0800	1.1800	1.3900
	14030501	煤油	kg	7.7500	8.8000	10.8500
	14070101	机油	kg	3.1000	3.5200	4.3400
	14090101	黄油	kg	2.3900	2.6000	3.0100
	14390101	氧气	m^3	4.4000	5.2800	10.3730
	14390301	乙炔气	m^3	1.4630	1.7600	3.4573
		其他材料费	%	3.0000	3.0000	3.0000
机械	99090360	汽车式起重机 8 t	台班	6.1077	7.4846	9.2308
	99090400	汽车式起重机 16 t	台班	1.6923	1.8231	2.1077
	99090450	汽车式起重机 40 t	台班	1.0000	1.0000	1.0000
	99091470	电动卷扬机单筒慢速 50 kN	台班	2.8405	3.1200	3.6790
	99250020	交流弧焊机 32 kVA	台班	3.9248	4.5870	6.2172
	99250150	直流弧焊机 32 kW	台班	0.0660	0.0858	0.1012
		其他机械费	%	1.0000	1.0000	1.0000

工作内容:安装垂架式单周边传动刮泥机。

定 额 编 号			K-8-10-7	K-8-10-8	K-8-10-9
项 目			垂架式单周边传动刮泥机		
			池径 24 m	池径 30 m	池径 45 m
			台	台	台
预算定额编号	预算定额名称	预算定额单位	数 量		
53-8-10-7	沉淀池排泥设备 安装垂架式单周边传动刮泥机 池径 24 m	台	1.0000		
53-8-10-8	沉淀池排泥设备 安装垂架式单周边传动刮泥机 池径 30 m	台		1.0000	
53-8-10-9	沉淀池排泥设备 安装垂架式单周边传动刮泥机 池径 45 m	台			1.0000

工作内容:安装垂架式单周边传动刮泥机。

定 额 编 号				K-8-10-7	K-8-10-8	K-8-10-9
项 目				垂架式单周边传动刮泥机		
				池径 24 m	池径 30 m	池径 45 m
名 称			单位	台	台	台
人工	00190106	综合人工(安装)	工日	128.4095	141.5067	173.1195
材料	01290301	热轧钢板 中厚板	t	0.0412	0.0412	0.0412
	03130101	电焊条	kg	15.8840	16.3790	21.6590
	03150501	骑马钉	kg	1.8000	1.8000	1.8000
	03152501	镀锌铁丝	kg	7.1000	7.1000	7.1000
	05030101	成材	m^3	0.0440	0.0500	0.0640
	05031801	枕木	m^3	0.2613	0.2813	0.3213
	09350314	铜箔 δ0.04	kg	0.0600	0.0600	0.0600
	14030101	汽油	kg	1.0500	1.1500	1.3500
	14030501	煤油	kg	6.5000	8.0000	11.0000
	14070101	机油	kg	2.6000	3.2000	4.4000
	14090101	黄油	kg	2.1400	2.4400	3.0400
	14390101	氧气	m^3	1.7600	1.7600	1.7600
	14390301	乙炔气	m^3	0.5863	0.5863	0.5863
		其他材料费	%	3.0000	3.0000	3.0000
机械	99090360	汽车式起重机 8 t	台班	2.6692	3.1846	4.0923
	99090400	汽车式起重机 16 t	台班	0.8154	1.3400	1.1846
	99090450	汽车式起重机 40 t	台班	1.0000	1.0000	1.0000
	99091470	电动卷扬机单筒慢速 50 kN	台班	2.7885	3.0485	3.2955
	99250020	交流弧焊机 32 kVA	台班	3.1768	3.2758	4.3318
		其他机械费	%	1.0000	1.0000	1.0000

工作内容：安装垂架式双周边传动刮泥机。

定　额　编　号			K-8-10-10	K-8-10-11	K-8-10-12
项　　目			垂架式双周边传动刮泥机		
			池径 24 m	池径 30 m	池径 45 m
			台	台	台
预算定额编号	预算定额名称	预算定额单位	数　　量		
53-8-10-10	沉淀池排泥设备 安装垂架式双周边传动刮泥机 池径 24 m	台	1.0000		
53-8-10-11	沉淀池排泥设备 安装垂架式双周边传动刮泥机 池径 30 m	台		1.0000	
53-8-10-12	沉淀池排泥设备 安装垂架式双周边传动刮泥机 池径 45 m	台			1.0000

工作内容：安装垂架式双周边传动刮泥机。

定　额　编　号				K-8-10-10	K-8-10-11	K-8-10-12
项　　目				垂架式双周边传动刮泥机		
				池径 24 m	池径 30 m	池径 45 m
名　　称			单位	台	台	台
人工	00190106	综合人工(安装)	工日	146.2572	159.8318	212.3035
材料	01290301	热轧钢板 中厚板	t	0.0412	0.0412	0.0412
	03130101	电焊条	kg	16.4780	17.3690	20.8010
	03150501	骑马钉	kg	1.8000	1.8000	1.8000
	03152501	镀锌铁丝	kg	7.1000	7.1000	7.1000
	05030101	成材	m^3	0.0530	0.0560	0.0640
	05031801	枕木	m^3	0.2913	0.3013	0.3263
	09350314	铜箔 δ0.04	kg	0.0600	0.0600	0.0600
	14030101	汽油	kg	1.0500	1.1500	1.3500
	14030501	煤油	kg	8.0000	9.5000	13.5000
	14070101	机油	kg	3.2000	3.8000	5.4000
	14090101	黄油	kg	2.4400	2.7400	3.5400
	14390101	氧气	m^3	1.7600	1.7600	1.7600
	14390301	乙炔气	m^3	0.5863	0.5863	0.5863
		其他材料费	%	3.0000	3.0000	3.0000
机械	99090360	汽车式起重机 8 t	台班	4.1923	5.0538	6.5692
	99090400	汽车式起重机 16 t	台班	1.6462	2.0846	2.3615
	99090450	汽车式起重机 40 t	台班	1.0000	1.0000	1.0000
	99091470	电动卷扬机单筒慢速 50 kN	台班	2.7885	2.9835	3.6855
	99250020	交流弧焊机 32 kVA	台班	3.2956	3.4738	4.0414
		其他机械费	%	1.0000	1.0000	1.0000

工作内容：安装垂架式单周边传动吸泥机。

定额编号			K-8-10-13	K-8-10-14	K-8-10-15
项目			垂架式单周边传动吸泥机		
			池径 24 m	池径 30 m	池径 45 m
			台	台	台
预算定额编号	预算定额名称	预算定额单位	数量		
53-8-10-13	沉淀池排泥设备 安装垂架式单周边传动吸泥机 池径 24 m	台	1.0000		
53-8-10-14	沉淀池排泥设备 安装垂架式单周边传动吸泥机 池径 30 m	台		1.0000	
53-8-10-15	沉淀池排泥设备 安装垂架式单周边传动吸泥机 池径 45 m	台			1.0000

工作内容：安装垂架式单周边传动吸泥机。

定额编号				K-8-10-13	K-8-10-14	K-8-10-15
项目				垂架式单周边传动吸泥机		
				池径 24 m	池径 30 m	池径 45 m
名称			单位	台	台	台
人工	00190106	综合人工(安装)	工日	159.3812	175.5744	225.1054
材料	01290301	热轧钢板 中厚板	t	0.0311	0.0412	0.0412
	03130101	电焊条	kg	19.5360	21.7030	28.1050
	03130201	不锈钢焊条	kg	0.3850	0.5390	0.6270
	03150501	骑马钉	kg	2.4000	2.4000	2.4000
	03152501	镀锌铁丝	kg	7.1000	7.1000	7.1000
	05030101	成材	m^3	0.0600	0.0630	0.0730
	05031801	枕木	m^3	0.3350	0.3600	0.3950
	09350314	铜箔 δ0.04	kg	0.0600	0.0600	0.0600
	14030101	汽油	kg	1.0500	1.1800	1.3900
	14030501	煤油	kg	8.0000	9.5000	13.5000
	14070101	机油	kg	3.2000	3.8000	5.4000
	14090101	黄油	kg	2.4400	2.7400	3.5400
	14390101	氧气	m^3	4.4000	4.8400	9.9330
	14390301	乙炔气	m^3	1.3200	1.6134	3.3110
		其他材料费	%	3.0000	3.0000	3.0000
机械	99090360	汽车式起重机 8 t	台班	3.6923	4.1308	6.1846
	99090400	汽车式起重机 16 t	台班	0.9538	1.2615	1.7000
	99090450	汽车式起重机 40 t	台班	1.0000	1.0000	1.0000
	99091470	电动卷扬机单筒慢速 50 kN	台班	3.6140	3.9390	4.0170
	99250020	交流弧焊机 32 kVA	台班	3.9072	4.3406	5.6210
	99250150	直流弧焊机 32 kW	台班	0.0770	0.1078	0.1254
		其他机械费	%	1.0000	1.0000	1.0000

工作内容:安装垂架式双周边传动吸泥机。

定额编号			K-8-10-16	K-8-10-17	K-8-10-18
项目			垂架式双周边传动吸泥机		
			池径 24 m	池径 30 m	池径 45 m
			台	台	台
预算定额编号	预算定额名称	预算定额单位	数量		
53-8-10-16	沉淀池排泥设备 安装垂架式双周边传动吸泥机 池径 24 m	台	1.0000		
53-8-10-17	沉淀池排泥设备 安装垂架式双周边传动吸泥机 池径 30 m	台		1.0000	
53-8-10-18	沉淀池排泥设备 安装垂架式双周边传动吸泥机 池径 45 m	台			1.0000

工作内容:安装垂架式双周边传动吸泥机。

定额编号				K-8-10-16	K-8-10-17	K-8-10-18
项目				垂架式双周边传动吸泥机		
				池径 24 m	池径 30 m	池径 45 m
名称			单位	台	台	台
人工	00190106	综合人工(安装)	工日	166.6322	179.2157	228.3838
材料	01290301	热轧钢板 中厚板	t	0.0412	0.0412	0.0412
	03130101	电焊条	kg	20.1960	22.9570	35.7610
	03130201	不锈钢焊条	kg	0.3850	0.4290	0.5830
	03150501	骑马钉	kg	2.4000	2.4000	2.4000
	03152501	镀锌铁丝	kg	7.1000	7.1000	7.1000
	05030101	成材	m^3	0.0600	0.0610	0.0730
	05031801	枕木	m^3	0.3400	0.3550	0.3950
	09350314	铜箔 δ0.04	kg	0.0600	0.0600	0.0600
	14030101	汽油	kg	1.0500	1.1800	1.3500
	14030501	煤油	kg	8.5000	9.5000	13.0000
	14070101	机油	kg	3.4000	3.8000	5.2000
	14090101	黄油	kg	2.5400	2.7400	3.4400
	14390101	氧气	m^3	4.4000	5.2800	12.1000
	14390301	乙炔气	m^3	1.4663	1.7600	4.0334
		其他材料费	%	3.0000	3.0000	3.0000
机械	99090360	汽车式起重机 8 t	台班	7.4923	6.8846	10.3077
	99090390	汽车式起重机 12 t	台班		0.6615	
	99090400	汽车式起重机 16 t	台班	1.9000	2.1077	2.8385
	99090450	汽车式起重机 40 t	台班	1.0000	1.0000	1.0000
	99091470	电动卷扬机单筒慢速 50 kN	台班	3.0875	3.2760	3.9910
	99250020	交流弧焊机 32 kVA	台班	4.0392	4.5914	7.1522
	99250150	直流弧焊机 32 kW	台班	0.0770	0.0858	0.1166
		其他机械费	%	1.0000	1.0000	1.0000

工作内容:安装链条牵引式刮泥机。

定额编号			K-8-10-19	K-8-10-20
项目			链条牵引式刮泥机	
			单链	双链
			台	台
预算定额编号	预算定额名称	预算定额单位	数量	
53-8-10-19	沉淀池排泥设备 安装链条牵引式刮泥机 单链	台	1.0000	
53-8-10-20	沉淀池排泥设备 安装链条牵引式刮泥机 双链	台		1.0000

工作内容:安装链条牵引式刮泥机。

定额编号				K-8-10-19	K-8-10-20
项目				链条牵引式刮泥机	
				单链	双链
名称			单位	台	台
人工	00190106	综合人工(安装)	工日	88.0307	113.6468
材料	01290301	热轧钢板 中厚板	t	0.0010	0.0010
	03130101	电焊条	kg	4.9060	5.2690
	03152501	镀锌铁丝	kg	3.5000	3.5000
	05030101	成材	m^3	0.0270	0.0330
	05031801	枕木	m^3	0.0925	0.1125
	14030101	汽油	kg	0.5500	0.5900
	14030501	煤油	kg	2.4500	2.8500
	14070101	机油	kg	0.9800	1.1400
	14090101	黄油	kg	1.4900	1.5700
	14390101	氧气	m^3	0.5060	0.5060
	14390301	乙炔气	m^3	0.1650	0.1650
		其他材料费	%	3.0000	3.0000
机械	99090360	汽车式起重机 8 t	台班	0.6385	0.8231
	99091470	电动卷扬机单筒慢速 50 kN	台班	1.0270	1.1667
	99250020	交流弧焊机 32 kVA	台班	0.9812	1.0538
		其他机械费	%	1.0000	1.0000

工作内容：安装悬挂式中心传动浓缩机。

定额编号			K-8-10-21	K-8-10-22	K-8-10-23
项目			悬挂式中心传动浓缩机		
			池径 10 m	池径 12 m	池径 14 m
			台	台	台
预算定额编号	预算定额名称	预算定额单位	数量		
53-8-10-21	沉淀池排泥设备 安装悬挂式中心传动浓缩机 池径 10 m	台	1.0000		
53-8-10-22	沉淀池排泥设备 安装悬挂式中心传动浓缩机 池径 12 m	台		1.0000	
53-8-10-23	沉淀池排泥设备 安装悬挂式中心传动浓缩机 池径 14 m	台			1.0000

工作内容：安装悬挂式中心传动浓缩机。

定额编号				K-8-10-21	K-8-10-22	K-8-10-23
项目				悬挂式中心传动浓缩机		
				池径 10 m	池径 12 m	池径 14 m
名称			单位	台	台	台
人工	00190106	综合人工(安装)	工日	45.0224	54.0123	63.4460
材料	01290301	热轧钢板 中厚板	t	0.0010	0.0010	0.0010
	03130101	电焊条	kg	2.1120	2.1120	2.1120
	03150501	骑马钉	kg	1.6000	1.6000	1.6000
	03152501	镀锌铁丝	kg	3.5000	3.5000	3.5000
	05030101	成材	m^3	0.0160	0.0190	0.0220
	05031801	枕木	m^3	0.1575	0.1675	0.1775
	09350314	铜箔 δ0.04	kg	0.0500	0.0500	0.0500
	14030101	汽油	kg	0.5500	0.5700	0.5900
	14030501	煤油	kg	2.4800	2.6900	2.9000
	14070101	机油	kg	0.9900	1.0700	1.1600
	14090101	黄油	kg	1.5000	1.5400	1.5800
		其他材料费	%	3.0000	3.0000	3.0000
机械	99090360	汽车式起重机 8 t	台班	0.2000	0.2231	0.2385
	99090430	汽车式起重机 30 t	台班	0.5615	0.6385	0.7385
	99091470	电动卷扬机单筒慢速 50 kN	台班	1.1310	1.1830	1.1830
	99250020	交流弧焊机 32 kVA	台班	0.4224	0.4224	0.4224
		其他机械费	%	1.0000	1.0000	1.0000

工作内容: 安装桁车式吸泥机。

定额编号			K-8-10-24	K-8-10-25	K-8-10-26	K-8-10-27
项目			桁车式吸泥机			
			池径 8 m	池径 10 m	池径 12 m	池径 14 m
			台	台	台	台
预算定额编号	预算定额名称	预算定额单位	数量			
53-8-10-24	沉淀池排泥设备 安装桁车式吸泥机(池径 8 m)	台	1.0000			
53-8-10-25	沉淀池排泥设备 安装桁车式吸泥机(池径 10 m)	台		1.0000		
53-8-10-26	沉淀池排泥设备 安装桁车式吸泥机(池径 12 m)	台			1.0000	
53-8-10-27	沉淀池排泥设备 安装桁车式吸泥机(池径 14 m)	台				1.0000

工作内容: 安装桁车式吸泥机。

定额编号				K-8-10-24	K-8-10-25	K-8-10-26	K-8-10-27
项目				桁车式吸泥机			
				池径 8 m	池径 10 m	池径 12 m	池径 14 m
名称			单位	台	台	台	台
人工	00190106	综合人工(安装)	工日	131.6680	153.7640	174.9200	208.0740
材料	03130101	电焊条	kg	46.5000	46.5000	46.5000	46.5000
	03152501	镀锌铁丝	kg	2.9420	2.9420	2.9420	2.9420
	03211001	钢锯条	根	4.1900	4.1900	4.1900	4.1900
	05030213	板方材	m^3	0.0200	0.0200	0.0200	0.0200
	05031801	枕木	m^3	0.0200	0.0400	0.0600	0.0800
	14030101	汽油	kg	2.3770	2.3770	2.3770	2.5750
	14030501	煤油	kg	6.7340	6.7340	6.7340	7.6250
	14070101	机油	kg	13.6000	13.6000	13.6000	15.3000
	14090401	钙基脂黄油	kg	1.9430	1.9430	1.9430	2.4290
	14390101	氧气	m^3	10.8000	12.4000	14.7000	14.7000
	14390301	乙炔气	m^3	3.6000	4.1330	4.9000	4.9000
		其他材料费	%	4.0000	4.0000	3.0000	4.0000
机械	99070550	载重汽车 8 t	台班	0.2600	0.2780	0.3050	0.3670
	99090360	汽车式起重机 8 t	台班	0.2650	0.2920	0.3100	0.3800
	99090400	汽车式起重机 16 t	台班	0.7960	0.8850		0.7960
	99090430	汽车式起重机 30 t	台班			1.0000	1.1850
	99250020	交流弧焊机 32 kVA	台班	9.3790	9.3790	9.3790	9.3790
		其他机械费	%			1.0000	

第十一节　污泥脱水设备

工作内容：安装滤带式污泥脱水机。

定额编号			K-8-11-1	K-8-11-2	K-8-11-3	K-8-11-4
项目			滤带式污泥脱水机			
			1 t	2 t	3 t	5 t
			台	台	台	台
预算定额编号	预算定额名称	预算定额单位	数量			
53-8-11-1	污泥脱水设备 安装滤带式污泥脱水机 1 t	台	1.0000			
53-8-11-2	污泥脱水设备 安装滤带式污泥脱水机 2 t	台		1.0000		
53-8-11-3	污泥脱水设备 安装滤带式污泥脱水机 3 t	台			1.0000	
53-8-11-4	污泥脱水设备 安装滤带式污泥脱水机 5 t	台				1.0000

工作内容：安装滤带式污泥脱水机。

定额编号				K-8-11-1	K-8-11-2	K-8-11-3	K-8-11-4
项目				滤带式污泥脱水机			
				1 t	2 t	3 t	5 t
名称			单位	台	台	台	台
人工	00190106	综合人工(安装)	工日	53.4755	61.8697	73.2733	87.6429
材料	01290301	热轧钢板 中厚板	t	0.0020	0.0020	0.0020	0.0020
	03130101	电焊条	kg	0.9680	1.3200	1.7600	2.0900
	03152501	镀锌铁丝	kg	3.5000	3.5000	3.5000	3.5000
	05030101	成材	m^3	0.0220	0.0230	0.0250	0.0260
	05031801	枕木	m^3	0.0750	0.0800	0.0850	0.0900
	09350314	铜箔 δ0.04	kg	0.0500	0.0500	0.0500	0.0500
	14030501	煤油	kg	2.0000	2.2000	2.4000	2.4000
	14070101	机油	kg	0.7000	1.0000	1.2000	1.2000
	14090101	黄油	kg	1.4000	1.5000	1.7000	2.0000
	33331911	平斜垫铁 1#	副	8.0000	8.0000	8.0000	8.0000
		其他材料费	%	3.0000	3.0000	3.0000	3.0000
机械	99091470	电动卷扬机单筒慢速 50 kN	台班	1.3650	1.3650	1.7290	1.9565
	99250020	交流弧焊机 32 kVA	台班	0.1936	0.2640	0.3520	0.4180
		其他机械费	%	1.0000	1.0000	1.0000	1.0000

工作内容：安装离心式污泥脱水机。

定额编号			K-8-11-5	K-8-11-6	K-8-11-7	K-8-11-8
项目			离心式污泥脱水机			
			1 t	2 t	3 t	5 t
			台	台	台	台
预算定额编号	预算定额名称	预算定额单位	数量			
53-8-11-5	污泥脱水设备 离心式污泥脱水机 1 t	台	1.0000			
53-8-11-6	污泥脱水设备 离心式污泥脱水机 2 t	台		1.0000		
53-8-11-7	污泥脱水设备 离心式污泥脱水机 3 t	台			1.0000	
53-8-11-8	污泥脱水设备 离心式污泥脱水机 5 t	台				1.0000

工作内容：安装离心式污泥脱水机。

定额编号				K-8-11-5	K-8-11-6	K-8-11-7	K-8-11-8
项目				离心式污泥脱水机			
				1 t	2 t	3 t	5 t
名称			单位	台	台	台	台
人工	00190106	综合人工(安装)	工日	52.7209	61.5568	68.9060	82.3676
材料	03130101	电焊条	kg	0.7700	0.8800	1.0450	1.3200
	03152501	镀锌铁丝	kg	2.5000	2.5000	2.5000	2.5000
	05030101	成材	m^3	0.0150	0.0400	0.0190	0.0490
	05031801	枕木	m^3	0.0550	0.0663	0.0663	0.0663
	09350314	铜箔 δ0.04	kg	0.0500	0.0500	0.0500	0.0500
	14030501	煤油	kg	2.2000	2.4000	2.4000	2.4000
	14070101	机油	kg	2.0000	2.3000	2.5000	2.5000
	14090101	黄油	kg	1.6000	1.8000	1.9000	2.1000
	33331911	平斜垫铁 1#	副	4.0000	6.0000	8.0000	12.0000
		其他材料费	%	3.0000	3.0000	3.0000	3.0000
机械	99090360	汽车式起重机 8 t	台班	1.4300	1.7745	1.9825	2.5025
	99091470	电动卷扬机单筒慢速 50 kN	台班	3.0615	3.8090	4.1080	4.4655
	99250020	交流弧焊机 32 kVA	台班	0.1540	0.1760	0.2090	0.2640
		其他机械费	%	1.0000	1.0000	1.0000	1.0000

第十二节　其他设备

工作内容：1,2. 滤板制作、安拆模板。

3. 铺设中砂。

4. 铺设石英砂。

定额编号			K-8-12-1	K-8-12-2	K-8-12-3	K-8-12-4
项目			滤板制作		滤料铺设	
			12 cm 以内	12 cm 以外	中砂	石英砂
			m³	m³	m³	m³
预算定额编号	预算定额名称	预算定额单位	数量			
53-8-12-1	其他设备 滤板制作 12 cm 以内	m³	1.0000			
53-8-12-2	其他设备 滤板制作 12 cm 以外	m³		1.0000		
53-8-12-3	其他设备 滤料铺设 中砂	m³			1.0000	
53-8-12-4	其他设备 滤料铺设 石英砂	m³				1.0000
53-9-5-29	模板工程 U、V 形水槽模板	m²	1.5300	1.5300		

工作内容：1,2. 滤板制作、安拆模板。

3. 铺设中砂。

4. 铺设石英砂。

定额编号				K-8-12-1	K-8-12-2	K-8-12-3	K-8-12-4
项目				滤板制作		滤料铺设	
				12 cm 以内	12 cm 以外	中砂	石英砂
名称			单位	m³	m³	m³	m³
人工	00190101	综合人工	工日	2.5769	2.4041		
	00190106	综合人工(安装)	工日			1.2929	1.1972
材料	02090101	塑料薄膜	m²	22.1616	14.7743		
	03150101	圆钉	kg	0.0043	0.0043		
	04030123	黄砂 中粗	m³			1.1113	
	04030403	石英砂	m³				1.1240
	34110101	水	m³	0.3663	0.2442		
	35010102	组合钢模板	kg	0.9552	0.9552		
	35010703	木模板成材	m³	0.0021	0.0021		
	35020106	钢模支撑	kg	0.6769	0.6769		
	35020401	钢模零配件	kg	0.2756	0.2756		
	36331313	滤头套箍 DN30	个	454.5000	205.0000		
	80210418	预拌混凝土(非泵送型) C25 粒径 5～20	m³	1.0100	1.0100		
		其他材料费	%	1.0000	1.0000	1.5000	0.3000
机械	99050940	平板式混凝土振动器	台班	0.0998	0.0998		
	99070540	载重汽车 6 t	台班	0.0046	0.0046		
	99090075	履带式起重机 8 t	台班	0.0350	0.0350		
	99090360	汽车式起重机 8 t	台班	0.0031	0.0031		
	99091520	电动卷扬机双筒慢速 30 kN	台班			0.1050	0.1050
	99210010	木工圆锯机 ϕ500	台班	0.0037	0.0037		
	99210065	木工平刨床 刨削宽度 450	台班	0.0037	0.0037		

工作内容：1. 铺设卵石。
2. 斜板安装。
3. 斜管安装。

定额编号			K-8-12-5	K-8-12-6	K-8-12-7
项目			滤料铺设	斜板安装	斜管安装
			卵石	斜长 2 m 以内	
			m^3	m^2	m^2
预算定额编号	预算定额名称	预算定额单位	数量		
53-8-12-5	其他设备 滤料铺设 卵石	m^3	1.0000		
53-8-12-6	其他设备 斜板安装 斜长 2 m 以内	m^2		1.0000	
53-8-12-7	其他设备 斜管安装 斜长 2 m 以内	m^2			1.0000

工作内容：1. 铺设卵石。
2. 斜板安装。
3. 斜管安装。

定额编号				K-8-12-5	K-8-12-6	K-8-12-7
项目				滤料铺设	斜板安装	斜管安装
				卵石	斜长 2 m 以内	
名称			单位	m^3	m^2	m^2
人工	00190106	综合人工(安装)	工日	1.0126	0.4681	0.0941
材料	02110105	塑料斜板	m^2		1.0600	
	02193101	塑料斜管	m^2			1.0600
	03013886	六角螺栓连母垫 M10×40	100 套		0.3121	
	04050911	卵石	m^3	1.0200		
		其他材料费	%	1.5000	2.0000	2.0000
机械	99091520	电动卷扬机双筒慢速 30 kN	台班	0.1050		

第九章　措施项目

说　明

一、本章定额包括施工排水、降水及围堰，共 2 节内容。

二、施工排水、降水

（一）挖土采用明排水施工时，可计算湿土排水；采用井点降水施工时，不得计取湿土排水。

（二）基坑开挖深度在 3 m 以上采用井点降水。

（三）基坑开挖深度在 6 m 以下采用轻型井点；开挖深度在 6 m 以上采用喷射井点；采用其他类型井点，应由设计确定。开挖深度指从原地面至沟槽槽底、基坑底面或沉井刃脚设计标高的距离。

三、围堰

（一）围堰形式的选择

1. 正常条件下，按围堰高度选择相应的围堰形式，详见表 9-1。

表 9-1　正常条件下围堰形式选择

<table>
<tr><th>围堰高度(m)</th><th>选择围堰形式</th><th colspan="2">围堰断面尺寸</th></tr>
<tr><td>1.00～3.00</td><td>袋装土</td><td colspan="2">顶宽 1.5 m；边坡：内侧 1∶1；外侧临水面 1∶1.5</td></tr>
<tr><td>3.01～4.00</td><td>圆木桩</td><td rowspan="4">围堰宽度(m)</td><td>2.5</td></tr>
<tr><td>4.01～5.00</td><td>型钢桩</td><td>2.5</td></tr>
<tr><td>5.01～6.00</td><td>钢板桩</td><td>3</td></tr>
<tr><td>>6.00</td><td>拉森钢板桩</td><td>3.35</td></tr>
</table>

注：围堰高度=（当地施工期的最高潮水位－设计图的实测围堰中心河底标高）+0.50 m。围堰中心河底标高是指结构物基础底的外边线增加 0.5 m 后，以 1∶1 坡线与原河床线的交点向外平移 0.3 m 为围堰脚内侧（或围堰坡脚），再增加围堰底宽 1/2 处的原河床底标高即为围堰中心河底标高。详见图 9-1。

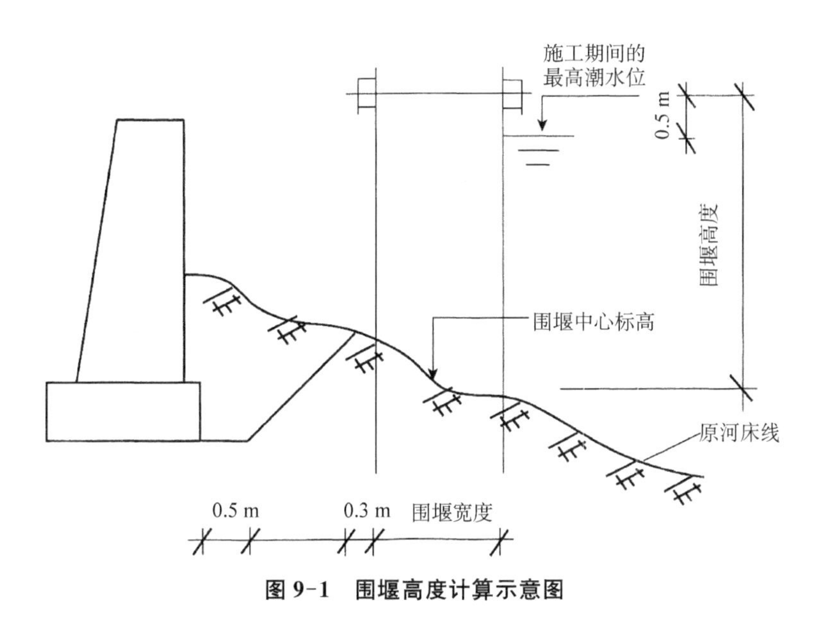

图 9-1　围堰高度计算示意图

2. 特殊条件下，按以下规定选择围堰形式：

(1) 遇有航运要求的河道，首先应考虑不影响河道航运。

(2) 河床坡度大于 1∶1 或河床坡度有突变者以及河水流速大于 2 m/s 时，应视不同施工方法决定围堰形式。

(3) 拦河围堰(坝)应视具体情况,通过计算确定围堰(坝)形式。

(二) 围堰使用周期、养护次数系综合考虑,含量不作调整。

(三) 围堰定额中已包括了土方的场内运输。

(四) 缺土来源费用另计。

工程量计算规则

一、湿土排水按原地面 1.0 m 以下的挖土数量以"m^3"计算。

二、抽水定额适用于河塘及坝内河水的排除,工程量按实际排水体积以"m^3"计算。

三、每套井点设备规定

(一) 轻型井点:井点管间距为 1.2 m,50 根井管、相应总管 60 m 及排水设备。

(二) 喷射井点:井点管间距为 2.5 m,30 根井管、相应总管 75 m 及排水设备。

(三) 大口径井点:井点管间距为 10 m,10 根井管、相应总管 100 m 及排水设备。

四、井点使用定额单位为"套・天",累计尾数不足 1 套者计作 1 套,一天按 24 小时计算。

五、泵站沉井的井点布置:按沉井外壁直径(不计刃脚与外壁的凸口厚度)加 4 m 作环状布置。

六、泵站沉井的井点使用周期:沉井内径≤15 m 为 50 天;当内径>15 m 时为 55 天,套数按照第三~五条规定计算。

七、顶管沉井基坑的井点使用套天数,按照设计方案计算。

八、真空深井井点按不同深度,安拆以"座"计算,使用以"座・天"计算。

九、土坝按体积以"m^3"计算。

十、其他围堰按长度以"m"计算,公式如下:

$$L = A + 2(B + C + D)$$

式中:L——围堰长度;

A——结构物基础长度;

B——结构物基础端边至围堰体内侧的距离;

C——围堰体内侧至围堰中心的距离(即 1/2 围堰底宽);

D——平行结构物基础的围堰体一端与岸边的衔接距离。

当围堰直线长度大于 100 m 时,可设腰围堰。腰围堰按草包围堰计算。

腰围堰道数=围堰直线长度/50−2(尾数不足 1 道时,计作 1 道)

腰围堰长度=(D−围堰坝身平均宽度/2)×道数

十一、筑拆围堰的土方量计算

(一) 围堰长度在 150 m 以内时,缺土(外来土方)数量按下式计算:

缺土数量=围堰需要土方数量−可利用的土方数量

(二) 当围堰长度大于 150 m 时,其中 150 m 长的缺土数量按上式计算,超出 150 m 部分的缺土数量,则按超出长度的围堰需要土方数量的 50%计算。如有可利用的土方,则不再计算。

第一节　施工排水、降水

工作内容：1. 施工期间的全部排水。
2. 抽水泵就位、抽水、移动等。
3. 轻型井点安装、拆除。
4. 轻型井点使用。

<table>
<tr><td colspan="3">定　额　编　号</td><td>K-9-1-1</td><td>K-9-1-2</td><td>K-9-1-3</td><td>K-9-1-4</td></tr>
<tr><td colspan="3" rowspan="3">项　　目</td><td rowspan="2">湿土排水</td><td rowspan="2">抽水</td><td colspan="2">轻型井点</td></tr>
<tr><td>安拆</td><td>使用</td></tr>
<tr><td>m³</td><td>m³</td><td>根</td><td>套・天</td></tr>
<tr><td>预算定额编号</td><td>预算定额名称</td><td>预算定额单位</td><td colspan="4">数　　量</td></tr>
<tr><td>53-9-1-1</td><td>施工排水、降水 湿土排水</td><td>m³</td><td>1.0000</td><td></td><td></td><td></td></tr>
<tr><td>53-9-1-4</td><td>施工排水、降水 抽水</td><td>m³</td><td></td><td>1.0000</td><td></td><td></td></tr>
<tr><td>53-9-1-5</td><td>施工排水、降水 轻型井点安装</td><td>根</td><td></td><td></td><td>1.0000</td><td></td></tr>
<tr><td>53-9-1-6</td><td>施工排水、降水 轻型井点拆除</td><td>根</td><td></td><td></td><td>1.0000</td><td></td></tr>
<tr><td>53-9-1-7</td><td>施工排水、降水 轻型井点使用</td><td>套・天</td><td></td><td></td><td></td><td>1.0000</td></tr>
</table>

工作内容：1. 施工期间的全部排水。
2. 抽水泵就位、抽水、移动等。
3. 轻型井点安装、拆除。
4. 轻型井点使用。

<table>
<tr><td colspan="4">定　额　编　号</td><td>K-9-1-1</td><td>K-9-1-2</td><td>K-9-1-3</td><td>K-9-1-4</td></tr>
<tr><td colspan="4" rowspan="2">项　　目</td><td rowspan="2">湿土排水</td><td rowspan="2">抽水</td><td colspan="2">轻型井点</td></tr>
<tr><td>安拆</td><td>使用</td></tr>
<tr><td colspan="3">名　　称</td><td>单位</td><td>m³</td><td>m³</td><td>根</td><td>套・天</td></tr>
<tr><td>人工</td><td>00190101</td><td>综合人工</td><td>工日</td><td>0.0534</td><td>0.0043</td><td>0.5051</td><td>0.5750</td></tr>
<tr><td rowspan="6">材料</td><td>04030115</td><td>黄砂 中粗</td><td>t</td><td></td><td></td><td>0.1138</td><td></td></tr>
<tr><td>17270201</td><td>普通橡胶管</td><td>m</td><td></td><td></td><td>0.1716</td><td></td></tr>
<tr><td>34110101</td><td>水</td><td>m³</td><td></td><td></td><td>1.8353</td><td></td></tr>
<tr><td>35040921</td><td>轻型井点井管 φ40</td><td>m</td><td></td><td></td><td>0.0222</td><td>0.8300</td></tr>
<tr><td>35040941</td><td>轻型井点井管 φ180×4</td><td>m</td><td></td><td></td><td>0.0011</td><td>0.0400</td></tr>
<tr><td></td><td>其他材料费</td><td>%</td><td></td><td></td><td></td><td>7.3400</td></tr>
<tr><td rowspan="6">机械</td><td>99091380</td><td>电动卷扬机单筒快速 10 kN</td><td>台班</td><td></td><td></td><td>0.0240</td><td></td></tr>
<tr><td>99350050</td><td>轻便钻机 XJ-100</td><td>台班</td><td></td><td></td><td>0.0570</td><td></td></tr>
<tr><td>99440010</td><td>电动单级离心清水泵 φ50</td><td>台班</td><td>0.1200</td><td></td><td></td><td></td></tr>
<tr><td>99440030</td><td>电动单级离心清水泵 φ100</td><td>台班</td><td></td><td>0.0048</td><td></td><td></td></tr>
<tr><td>99440150</td><td>电动多级离心清水泵 φ150×180 m 以下</td><td>台班</td><td></td><td></td><td>0.0480</td><td></td></tr>
<tr><td>99440510</td><td>射流井点泵 9.5 m</td><td>台班</td><td></td><td></td><td>0.0240</td><td>1.1500</td></tr>
</table>

工作内容：1,3. 喷射井点安装、拆除。
2,4. 喷射井点使用。

定额编号			K-9-1-5	K-9-1-6	K-9-1-7	K-9-1-8
项目			喷射井点(10 m)		喷射井点(15 m)	
			安拆	使用	安拆	使用
			根	套·天	根	套·天
预算定额编号	预算定额名称	预算定额单位	数量			
53-9-1-8	施工排水、降水 喷射井点安装 10 m	根	1.0000			
53-9-1-9	施工排水、降水 喷射井点拆除 10 m	根	1.0000			
53-9-1-10	施工排水、降水 喷射井点使用 10 m	套·天		1.0000		
53-9-1-11	施工排水、降水 喷射井点安装 15 m	根			1.0000	
53-9-1-12	施工排水、降水 喷射井点拆除 15 m	根			1.0000	
53-9-1-13	施工排水、降水 喷射井点使用 15 m	套·天				1.0000

工作内容：1,3. 喷射井点安装、拆除。
2,4. 喷射井点使用。

定额编号				K-9-1-5	K-9-1-6	K-9-1-7	K-9-1-8
项目				喷射井点(10 m)		喷射井点(15 m)	
				安拆	使用	安拆	使用
名称			单位	根	套·天	根	套·天
人工	00190101	综合人工	工日	3.7596	2.2200	6.0520	2.2200
材料	04030119	黄砂 中粗	kg	2385.5951		3883.7520	
	17030102	镀锌焊接钢管	kg	0.0010	0.0050	0.0010	0.0080
	34110101	水	m^3	14.1722		18.4803	
	35040961	喷射井点总管 ϕ159×6	m	0.0046	0.1300	0.0046	0.1300
	35040971	喷射井点井管 ϕ76	m	0.0290	0.9300	0.0641	1.3000
	35041011	喷射井点滤网管	根	0.0036	0.1070	0.0042	0.1280
	35041021	喷射井点回水连接件	副	0.0022	0.0670	0.0023	0.0700
	35041031	喷射井点腰子法兰	副	0.0013	0.0300	0.0013	0.0300
	35041041	喷射井点水箱	kg	0.0356	1.0700	0.0356	1.0700
	35041051	喷射井点喷射器	只	0.0048	0.1430	0.0056	0.1670
		其他材料费	%		1.1200		0.8700
机械	99090080	履带式起重机 10 t	台班	0.2880		0.3640	
	99350120	液压钻机 G-2A	台班	0.1104		0.1440	
	99430230	电动空气压缩机 6 m^3/min	台班			0.1800	
	99440150	电动多级离心清水泵 ϕ150×180 m 以下	台班	0.1880	1.1100	0.2500	1.1100
	99440210	污水泵 ϕ100	台班	0.2760		0.5440	

工作内容：1，3．喷射井点安装、拆除。
2，4．喷射井点使用。

定额编号			K-9-1-9	K-9-1-10	K-9-1-11	K-9-1-12
项目			喷射井点(20 m)		喷射井点(25 m)	
			安拆	使用	安拆	使用
			根	套·天	根	套·天
预算定额编号	预算定额名称	预算定额单位	数量			
53-9-1-14	施工排水、降水 喷射井点安装 20 m	根	1.0000			
53-9-1-15	施工排水、降水 喷射井点拆除 20 m	根	1.0000			
53-9-1-16	施工排水、降水 喷射井点使用 20 m	套·天		1.0000		
53-9-1-17	施工排水、降水 喷射井点安装 25 m	根			1.0000	
53-9-1-18	施工排水、降水 喷射井点拆除 25 m	根			1.0000	
53-9-1-19	施工排水、降水 喷射井点使用 25 m	套·天				1.0000

工作内容：1，3．喷射井点安装、拆除。
2，4．喷射井点使用。

定额编号				K-9-1-9	K-9-1-10	K-9-1-11	K-9-1-12
项目				喷射井点(20 m)		喷射井点(25 m)	
				安拆	使用	安拆	使用
		名称	单位	根	套·天	根	套·天
人工	00190101	综合人工	工日	7.7350	2.2200	9.6347	2.2200
材料	04030119	黄砂 中粗	kg	5381.6069		6851.5561	
	17030102	镀锌焊接钢管	kg	0.0010	0.0090	0.0010	0.0100
	34110101	水	m^3	23.3601		27.9815	
	35040961	喷射井点总管 ϕ159×6	m	0.0046	0.1300	0.0046	0.1300
	35040971	喷射井点井管 ϕ76	m	0.0108	2.2600	0.1452	3.5300
	35041011	喷射井点滤网管	根	0.0051	0.1520	0.0070	0.2100
	35041021	喷射井点回水连接件	副	0.0025	0.0750	0.0027	0.0810
	35041031	喷射井点腰子法兰	副	0.0013	0.0300	0.0013	0.0300
	35041041	喷射井点水箱	kg	0.0356	1.0700	0.0356	1.0700
	35041051	喷射井点喷射器	只	0.0671	0.2000	0.0096	0.2880
		其他材料费	%		0.6600		0.5200
机械	99090080	履带式起重机 10 t	台班	0.4350			
	99090090	履带式起重机 15 t	台班			0.4780	
	99350120	液压钻机 G-2A	台班	0.1720		0.1904	
	99430230	电动空气压缩机 6 m^3/min	台班	0.2150		0.2380	
	99440150	电动多级离心清水泵 ϕ150×180 m 以下	台班	0.3250	1.1100	0.3580	1.1100
	99440210	污水泵 ϕ100	台班	0.6500		0.7160	

工作内容:1. 喷射井点安装、拆除。
2. 喷射井点使用。
3. 大口径井点安装、拆除。
4. 大口径井点使用。

定额编号			K-9-1-13	K-9-1-14	K-9-1-15	K-9-1-16
项目			喷射井点(30 m)		大口径井点(15 m)	
			安拆	使用	安拆	使用
			根	套·天	根	套·天
预算定额编号	预算定额名称	预算定额单位	数量			
53-9-1-20	施工排水、降水 喷射井点安装 30 m	根	1.0000			
53-9-1-21	施工排水、降水 喷射井点拆除 30 m	根	1.0000			
53-9-1-22	施工排水、降水 喷射井点使用 30 m	套·天		1.0000		
53-9-1-23	施工排水、降水 大口径井点安装 15 m	根			1.0000	
53-9-1-24	施工排水、降水 大口径井点拆除 15 m	根			1.0000	
53-9-1-25	施工排水、降水 大口径井点使用 15 m	套·天				1.0000

工作内容:1. 喷射井点安装、拆除。
2. 喷射井点使用。
3. 大口径井点安装、拆除。
4. 大口径井点使用。

定额编号				K-9-1-13	K-9-1-14	K-9-1-15	K-9-1-16
项目				喷射井点(30 m)		大口径井点(15 m)	
				安拆	使用	安拆	使用
名称			单位	根	套·天	根	套·天
人工	00190101	综合人工	工日	11.1095	2.2200	20.6975	2.3200
材料	04030119	黄砂 中粗	kg	8336.1759		13372.2554	
	17030102	镀锌焊接钢管	kg	0.0010	0.0120		
	34110101	水	m^3	32.6989		44.1979	
	35040601	大口径井点吸水器 15 m	只			0.0060	0.0400
	35040711	大口径井点井管 φ400	m			0.1802	1.5000
	35040961	喷射井点总管 φ159×6	m	0.0046	0.1300		
	35040971	喷射井点井管 φ76	m	0.2132	5.1000		
	35041011	喷射井点滤网管	根	0.0085	0.2670		
	35041021	喷射井点回水连接件	副	0.0029	0.0810		
	35041031	喷射井点腰子法兰	副	0.0013	0.0300		
	35041041	喷射井点水箱	kg	0.0356	1.0700	0.1101	1.0200
	35041051	喷射井点喷射器	只	0.0120	0.3750		
		其他材料费	%		0.3700		0.5500
机械	99030660	工程钻机 SPJ-300	台班			0.5200	
	99030970	震动锤 45 kW	台班			0.4500	
	99090080	履带式起重机 10 t	台班			1.1000	
	99090090	履带式起重机 15 t	台班	0.5200			
	99350120	液压钻机 G-2A	台班	0.2080			
	99430230	电动空气压缩机 6 m^3/min	台班	0.2600			
	99440150	电动多级离心清水泵 φ150×180 m 以下	台班	0.3900	1.1100	1.1000	1.1600
	99440210	污水泵 φ100	台班	0.7800		1.7500	

工作内容:1. 大口径井点安装、拆除。
2. 大口径井点使用。
3. 真空深井井点安装、拆除。
4. 真空深井井点使用。

定额编号			K-9-1-17	K-9-1-18	K-9-1-19	K-9-1-20
项目			大口径井点(25 m)		真空深井井点(19 m)	
			安拆	使用	安拆	使用
			根	套・天	座	座・天
预算定额编号	预算定额名称	预算定额单位	数量			
53-9-1-26	施工排水、降水 大口径井点安装 25 m	根	1.0000			
53-9-1-27	施工排水、降水 大口径井点拆除 25 m	根	1.0000			
53-9-1-28	施工排水、降水 大口径井点使用 25 m	套・天		1.0000		
53-9-1-29	施工排水、降水 真空深井井点安装 19 m	座			1.0000	
53-9-1-30	施工排水、降水 真空深井井点拆除 19 m	座			1.0000	
53-9-1-31	施工排水、降水 真空深井井点使用 19 m	座・天				1.0000

工作内容:1. 大口径井点安装、拆除。
2. 大口径井点使用。
3. 真空深井井点安装、拆除。
4. 真空深井井点使用。

定额编号				K-9-1-17	K-9-1-18	K-9-1-19	K-9-1-20
项目				大口径井点(25 m)		真空深井井点(19 m)	
				安拆	使用	安拆	使用
名称			单位	根	套・天	座	座・天
人工	00190101	综合人工	工日	26.7001	2.3200	13.1920	0.4640
材料	04030119	黄砂 中粗	kg	20805.5142		7066.0000	
	34110101	水	m^3	66.6488		14.9790	
	35040611	大口径井点吸水器 25 m	只	0.0090	0.0800		
	35040711	大口径井点井管 ϕ400	m	0.2803	2.2500		
	35041041	喷射井点水箱	kg	0.1101	1.0200		
	35041111	钢板井管 ϕ273×8×4500	m			2.0000	0.0140
	35041112	钢管滤水井管 ϕ273×8×4000	m			4.0000	0.0060
	80112011	护壁泥浆	m^3			1.6700	
		其他材料费	%		0.5500		
机械	99030660	工程钻机 SPJ-300	台班	0.7024		0.7500	
	99030970	震动锤 45 kW	台班	0.6500			
	99050150	泥浆排放设备	台班			1.4100	
	99090070	履带式起重机 5 t	台班			1.6800	
	99090080	履带式起重机 10 t	台班	0.8780			
	99090090	履带式起重机 15 t	台班	0.6500			
	99091470	电动卷扬机单筒慢速 50 kN	台班			1.3300	
	99440150	电动多级离心清水泵 ϕ150×180 m 以下	台班	1.5280	1.1600		
	99440210	污水泵 ϕ100	台班	2.4060			
	99440235	泥浆泵 37 kW	台班			0.7500	
	99440310	真空泵 660 m^3/h	台班				0.7500
	99440330	潜水泵 ϕ100	台班			0.1000	1.1600

工作内容：1. 真空深井井点安装、拆除。
2. 真空深井井点使用。

定额编号			K-9-1-21	K-9-1-22
项目			真空深井井点(每增减 1 m)	
			安拆	使用
			座	座・天
预算定额编号	预算定额名称	预算定额单位	数量	
53-9-1-32	施工排水、降水 真空深井井点安拆(±1 m)	座	1.0000	
53-9-1-33	施工排水、降水 真空深井井点使用(±1 m)	座・天		1.0000

工作内容：1. 真空深井井点安装、拆除。
2. 真空深井井点使用。

定额编号				K-9-1-21	K-9-1-22
项目				真空深井井点(每增减 1 m)	
				安拆	使用
名称			单位	座	座・天
人工	00190101	综合人工	工日	0.5000	
材料	04030119	黄砂 中粗	kg	800.0000	
	34110101	水	m^3	0.7490	
	35041111	钢板井管 ϕ273×8×4500	m		0.0020
	80112011	护壁泥浆	m^3	0.0840	
机械	99030660	工程钻机 SPJ-300	台班	0.0760	
	99050150	泥浆排放设备	台班	0.1420	
	99090070	履带式起重机 5 t	台班	0.0360	
	99440240	泥浆泵 ϕ50	台班	0.0760	

第二节　围　堰

工作内容：袋装土围堰筑拆、养护。

定额编号			K-9-2-1	K-9-2-2	K-9-2-3
项目			袋装土围堰		
			高 1 m 以内	高 2 m 以内	高 3 m 以内
			m	m	m
预算定额编号	预算定额名称	预算定额单位	数量		
53-9-3-1	袋装土围堰筑拆 高≤1 m	延长米	1.0000		
53-9-3-2	袋装土围堰养护 高≤1 m	延长米·次	3.0000		
53-9-3-3	袋装土围堰筑拆 高≤2 m	延长米		1.0000	
53-9-3-4	袋装土围堰养护 高≤2 m	延长米·次		3.0000	
53-9-3-5	袋装土围堰筑拆 高≤3 m	延长米			1.0000
53-9-3-6	袋装土围堰养护 高≤3 m	延长米·次			3.0000

工作内容：袋装土围堰筑拆、养护。

定额编号				K-9-2-1	K-9-2-2	K-9-2-3
项目				袋装土围堰		
				高 1 m 以内	高 2 m 以内	高 3 m 以内
名称			单位	m	m	m
人工	00190101	综合人工	工日	5.0568	15.1638	32.3032
材料	02310601	编织袋	个	14.5825	39.7064	78.3572
	03152501	镀锌铁丝	kg	0.2201	0.5947	1.1791
	04093202	土方 自然方	m^3	(2.9586)	(8.5457)	(16.8014)
机械	99440010	电动单级离心清水泵 ϕ50	台班	0.6000	0.6000	1.2000

工作内容：筑拆土坝围堰。

定额编号			K-9-2-4
项目			土坝围堰
			m^3
预算定额编号	预算定额名称	预算定额单位	数量
53-9-3-7	围堰 筑拆土坝	m^3	1.0000

工作内容：筑拆土坝围堰。

定额编号				K-9-2-4
项目				土坝围堰
名称			单位	m^3
人工	00190101	综合人工	工日	1.5345
材料	04093202	土方 自然方	m^3	(1.4875)

工作内容：圆木桩围堰筑拆、养护。

定 额 编 号			K-9-2-5	K-9-2-6
项 目			圆木桩围堰	
			高 3 m 以内	高 4 m 以内
			m	m
预算定额编号	预算定额名称	预算定额单位	数 量	
53-9-3-8	圆木桩围堰筑拆 高≤3 m	延长米	1.0000	
53-9-3-9	圆木桩围堰养护 高≤3 m	延长米·次	3.0000	
53-9-3-10	圆木桩围堰筑拆 高≤4 m	延长米		1.0000
53-9-3-11	圆木桩围堰养护 高≤4 m	延长米·次		3.0000

工作内容：圆木桩围堰筑拆、养护。

定 额 编 号				K-9-2-5	K-9-2-6
项 目				圆木桩围堰	
				高 3 m 以内	高 4 m 以内
名 称			单位	m	m
人工	00190101	综合人工	工日	13.4385	17.7253
材料	02291501	白棕绳	kg	0.8145	1.1341
	02310601	编织袋	个	13.7141	22.2855
	03152501	镀锌铁丝	kg	1.2354	1.8853
	03160201	铁件	kg	2.8895	5.7780
	04093202	土方 自然方	m^3	(10.4118)	(14.7492)
	05031801	枕木	m^3	0.0074	0.0074
	05032801	圆木	m^3	0.0562	0.0824
	05330101	竹笆	m^2	6.2462	8.3283
	35091901	钢桩帽摊销	kg	0.4244	0.5942
机械	99030080	轨道式柴油打桩机 0.6 t	台班	0.1000	0.1100
	99090360	汽车式起重机 8 t	台班	0.0142	0.0142
	99091380	电动卷扬机单筒快速 10 kN	台班	0.1400	0.1600
	99091440	电动卷扬机双筒快速 50 kN	台班	0.1400	0.1600
	99410530	铁驳船 80 t	t·d	16.8000	18.6000
	99440010	电动单级离心清水泵 ϕ50	台班	0.1800	0.1800

工作内容：型钢桩围堰筑拆、使用、养护。

定额编号			K-9-2-7	K-9-2-8	K-9-2-9
项目			型钢桩围堰		
			高 3 m 以内	高 4 m 以内	高 5 m 以内
			m	m	m
预算定额编号	预算定额名称	预算定额单位	数量		
53-9-3-12	型钢桩围堰筑拆 高≤3 m	延长米	1.0000		
53-9-3-13	型钢桩围堰使用 高≤3 m	延长米·天	36.0000		
53-9-3-14	型钢桩围堰养护 高≤3 m	延长米·次	3.0000		
53-9-3-15	型钢桩围堰筑拆 高≤4 m	延长米		1.0000	
53-9-3-16	型钢桩围堰使用 高≤4 m	延长米·天		36.0000	
53-9-3-17	型钢桩围堰养护 高≤4 m	延长米·次		3.0000	
53-9-3-18	型钢桩围堰筑拆 高≤5 m	延长米			1.0000
53-9-3-19	型钢桩围堰使用 高≤5 m	延长米·天			36.0000
53-9-3-20	型钢桩围堰养护 高≤5 m	延长米·次			3.0000

工作内容：型钢桩围堰筑拆、使用、养护。

定额编号				K-9-2-7	K-9-2-8	K-9-2-9
项目				型钢桩围堰		
				高 3 m 以内	高 4 m 以内	高 5 m 以内
名称			单位	m	m	m
人工	00190101	综合人工	工日	16.1292	20.7619	24.7490
材料	02291501	白棕绳	kg	0.8970	1.1960	1.4950
	02310601	编织袋	个	13.7141	22.2855	30.8568
	03130101	电焊条	kg	6.2963	8.3954	10.4905
	03152501	镀锌铁丝	kg	1.2354	1.7072	2.1791
	03160201	铁件	kg	2.8895	5.7800	8.8493
	04093202	土方 自然方	m^3	(10.9221)	(14.6712)	(18.4508)
	05031801	枕木	m^3	0.0074	0.0084	0.0084
	05032801	圆木	m^3	0.0084	0.0168	0.0252
	05330101	竹笆	m^2	6.2462	8.3283	10.4104
	14390101	氧气	m^3	1.0911	1.4515	1.8118
	14390301	乙炔气	m^3	0.3897	0.5184	0.6470
	35090121	槽形钢板桩	t	0.0159	0.0212	0.0265
	35090131	槽形钢板桩使用费	t·d	80.3098	120.3187	164.8920
	35091901	钢桩帽摊销	kg	1.3874	1.8604	2.3228
机械	99030100	轨道式柴油打桩机 1.2 t	台班	0.1300	0.1500	0.1600
	99090360	汽车式起重机 8 t	台班	0.0300	0.0271	0.0271
	99091380	电动卷扬机单筒快速 10 kN	台班	0.1200	0.1300	0.1400
	99091440	电动卷扬机双筒快速 50 kN	台班	0.1200	0.1300	0.1400
	99250020	交流弧焊机 32 kVA	台班	0.5500	0.7300	0.9100
	99410530	铁驳船 80 t	t·d	17.4000	19.2000	20.4000
	99440010	电动单级离心清水泵 ϕ50	台班	1.9800	1.9800	1.9800

工作内容：钢板桩围堰筑拆、使用、养护。

定额编号			K-9-2-10	K-9-2-11	K-9-2-12	K-9-2-13
项目			钢板桩围堰			
			高 3 m 以内	高 4 m 以内	高 5 m 以内	高 6 m 以内
			m	m	m	m
预算定额编号	预算定额名称	预算定额单位	数量			
53-9-3-21	钢板桩围堰筑拆 高≤3 m	延长米	1.0000			
53-9-3-22	钢板桩围堰使用 高≤3 m	延长米·天	36.0000			
53-9-3-23	钢板桩围堰养护 高≤3 m	延长米·次	3.0000			
53-9-3-24	钢板桩围堰筑拆 高≤4 m	延长米		1.0000		
53-9-3-25	钢板桩围堰使用 高≤4 m	延长米·天		36.0000		
53-9-3-26	钢板桩围堰养护 高≤4 m	延长米·次		3.0000		
53-9-3-27	钢板桩围堰筑拆 高≤5 m	延长米			1.0000	
53-9-3-28	钢板桩围堰使用 高≤5 m	延长米·天			36.0000	
53-9-3-29	钢板桩围堰养护 高≤5 m	延长米·次			3.0000	
53-9-3-30	钢板桩围堰筑拆 高≤6 m	延长米				1.0000
53-9-3-31	钢板桩围堰使用(高≤6 m)	延长米·天				36.0000
53-9-3-32	钢板桩围堰养护(高≤6 m)	延长米·次				3.0000

工作内容：钢板桩围堰筑拆、使用、养护。

定额编号				K-9-2-10	K-9-2-11	K-9-2-12	K-9-2-13
项目				钢板桩围堰			
				高 3 m 以内	高 4 m 以内	高 5 m 以内	高 6 m 以内
名称			单位	m	m	m	m
人工	00190101	综合人工	工日	21.1249	25.1710	29.5118	34.1648
材料	02291501	白棕绳	kg	1.4036	1.8783	2.3404	2.8147
	02310601	编织袋	个	13.7218	16.2958	18.8568	21.4178
	03152501	镀锌铁丝	kg	0.3449	0.4399	0.5643	0.6588
	03160201	铁件	kg	5.4528	10.0848	15.1126	20.1494
	04093202	土方 自然方	m^3	(12.511)	(16.6158)	(20.7001)	(24.8662)
	05031801	枕木	m^3	0.0063	0.0074	0.0074	0.0084
	05032801	圆木	m^3	0.0126	0.0253	0.0378	0.0505
	35090121	槽形钢板桩	t	0.0249	0.0333	0.0415	0.0498
	35090131	槽形钢板桩使用费	t·d	124.6410	185.2548	256.7700	340.4650
	35091901	钢桩帽摊销	kg	1.0942	1.4519	1.8183	2.1862
机械	99030080	轨道式柴油打桩机 0.6 t	台班	0.1800	0.2000	0.2200	
	99030100	轨道式柴油打桩机 1.2 t	台班				0.2500
	99030970	震动锤 45 kW	台班	0.0900	0.1000	0.1100	0.1100
	99090090	履带式起重机 15 t	台班	0.0900	0.1000	0.1100	0.1100
	99090360	汽车式起重机 8 t	台班	0.0071	0.0071	0.0071	0.0071
	99410530	铁驳船 80 t	t·d	18.0000	19.8000	19.8000	23.4000
	99440010	电动单级离心清水泵 ϕ50	台班	0.3000	0.3000	0.3000	0.3000

工作内容：拉森钢板桩围堰筑拆、使用、养护。

定额编号			K-9-2-14	K-9-2-15
项目			拉森钢板桩围堰	
			高 7 m 以内	高每增减 1 m
			m	m
预算定额编号	预算定额名称	预算定额单位	数量	
53-9-3-33	拉森钢板桩围堰筑拆 高≤7 m	延长米	1.0000	
53-9-3-34	拉森钢板桩围堰使用 高≤7 m	延长米・天	36.0000	
53-9-3-35	拉森钢板桩围堰养护 高≤7 m	延长米・次	3.0000	
53-9-3-36	拉森钢板桩围堰筑拆(高±1 m)	延长米		1.0000
53-9-3-37	拉森钢板桩围堰使用(高±1 m)	延长米・天		36.0000

工作内容：拉森钢板桩围堰筑拆、使用、养护。

定额编号				K-9-2-14	K-9-2-15
项目				拉森钢板桩围堰	
				高 7 m 以内	高每增减 1 m
名称			单位	m	m
人工	00190101	综合人工	工日	49.5328	4.3140
材料	02291501	白棕绳	kg	5.0727	
	02310601	编织袋	个	6.0000	
	03152501	镀锌铁丝	kg	0.3808	
	03160201	铁件	kg	5.0378	
	04093202	土方 自然方	m^3	(30.7886)	(4.3714)
	05031801	枕木	m^3	0.0368	
	05032801	圆木	m^3	0.0126	
	35090141	拉森钢板桩	t	0.1126	0.0075
	35090151	拉森钢板桩使用费	t・d	871.4258	103.9179
	35091901	钢桩帽摊销	kg	11.8243	
机械	99030110	轨道式柴油打桩机 1.8 t	台班	0.6600	0.0200
	99030980	震动锤 90 kW	台班	0.4200	0.0100
	99090090	履带式起重机 15 t	台班	0.4200	0.0100
	99090390	汽车式起重机 12 t	台班	0.0200	
	99410530	铁驳船 80 t	t・d	112.0000	3.0000
	99440010	电动单级离心清水泵 ϕ50	台班	0.3000	